Preparation and Modification of
Carbon Dioxide Adsorbent Materials

二氧化碳吸附材料制备及改性

王燕霞　著

化学工业出版社
·北京·

内容简介

《二氧化碳吸附材料制备及改性》对碳捕集技术中最有应用前景的 CO_2 吸附技术进行了全面介绍。在介绍 CO_2 排放控制现状、CO_2 捕集分离技术以及各种 CO_2 吸附材料的基础上，重点介绍了杂原子掺杂多孔炭的构筑、四乙烯五胺改性介孔炭材料、生物质基炭材料的构筑与改性、聚乙烯亚胺改性碳纳米管、抗氧化剂改性固体胺吸附剂，最后分析了 CO_2 捕集分离技术的发展与挑战以及 CO_2 催化转化制备化学品的发展趋势。

本书可供化学化工、环境控制、碳储等领域从事 CO_2 捕集的工程技术人员、研发人员和企业、政府等从事碳减排管理的工作人员以及高等院校相关专业的师生参考使用。

图书在版编目（CIP）数据

二氧化碳吸附材料制备及改性 / 王燕霞著. — 北京：化学工业出版社，2025. 10. — ISBN 978-7-122-48850-3

Ⅰ. TQ424

中国国家版本馆 CIP 数据核字第 2025X3Y051 号

责任编辑：于　水　　　装帧设计：韩　飞
责任校对：田睿涵

出版发行：化学工业出版社
（北京市东城区青年湖南街 13 号　邮政编码 100011）
印　　装：北京建宏印刷有限公司
710mm×1000mm　1/16　印张 11¾　字数 193 千字
2025 年 11 月北京第 1 版第 1 次印刷

购书咨询：010-64518888　　　售后服务：010-64518899
网　　址：http://www.cip.com.cn
凡购买本书，如有缺损质量问题，本社销售中心负责调换。

定　　价：128.00 元　

前言

大气中二氧化碳（CO_2）浓度逐年升高，由此带来的温室效应、全球气候变暖、极端天气频发受到国际社会关注。2020 年 9 月 22 日，习近平总书记代表中国政府对外宣布“CO_2 排放力争于 2030 年前达到峰值，努力争取 2060 年前实现碳中和”。我国自 2021 年启动全国碳排放权交易市场，即将 CO_2 排放权作为一种商品进行交易，买方通过支付一定金额从而获得温室气体减排额。这种机制旨在通过市场手段促进企业减排，降低社会整体的减排成本。CO_2 减排对于环境保护、缓解全球变暖具有重要意义。

CO_2 捕集、利用与封存（CCUS）技术是现阶段减少 CO_2 排放的主要途径。不管是将 CO_2 转化利用，还是封存，CO_2 捕集是前提。在各种 CO_2 捕集技术中，固体吸附材料因其高效、低能耗和可再生性备受关注。本书系统综述了 CO_2 吸附材料制备及其改性策略方面的进展。本书共 7 章，第 1 章介绍了 CO_2 排放情况、CO_2 捕集技术、分离方法及各类吸附材料的研究进展；第 2 章为杂原子掺杂多孔炭的构筑，阐述其微观孔结构、表面化学性质与 CO_2 吸附的相关性，揭示 CO_2 在杂原子掺杂多孔炭表面的吸附机理及吸附动力学；第 3 章以四乙烯五胺改性介孔炭材料为吸附剂，探讨其分别在干燥模拟烟气、含水模拟烟气下的动态吸附性能，分析吸附行为；第 4 章介绍了生物质基炭材料的构筑与改性，探究水蒸气对其吸附的影响，分析吸附剂失活机理；第 5 章以聚乙烯亚胺改性碳纳米管为吸附剂，探讨杂质气体对 CO_2 吸附的影响，揭示烟气混合气竞争吸附机理；第 6 章对固体胺吸附剂进行抗氧化改性，分析氨基氧化机理及抗氧化剂抗氧化机理；第 7 章对碳捕集及资源化利用的发展进行了展望。

本书由北方民族大学王燕霞负责撰写。田文刚和王若彤参与了部分资料的收集及数据整理工作；付娜、文芯贝、于庆洋参加了本书的校对工作。同时感谢青岛科技大学郭庆杰老师对本书给予的指导。

本书得到了国家自然科学基金地区项目“基于烟气 CO_2 吸附-加氢活化耦合的 Fe/PC/MS 双功能颗粒构筑及构效关系”（项目编号22268002）及北方民族大学中央高校基本科研业务费专项资金（项目编号 2024QNPY05）的资助。

由于著者知识水平和能力有限，书中难免有遗漏、偏颇乃至不妥之处，恳请广大读者批评指正并多提宝贵意见，以便再版时加以改正和完善。

王燕霞

2025 年 6 月

目录

第 1 章
绪 论

1.1 二氧化碳排放现状

随着科学技术与工业的发展，全球生产生活能耗增加并释放了大量的温室气体，造成全球变暖，山川融化、干旱、洪涝等环境问题日益严峻，极端恶劣天气频繁发生。气候变化不仅破坏了生态平衡，还威胁了人类的生活。为了应对全球气候变化，减缓全球变暖的趋势，在 2015 年 12 月的巴黎气候变化大会上达成了《巴黎协定》，主要目标是将本世纪全球平均气温上升幅度控制在 2℃以内。而联合国政府间气候变化专门委员会（IPCC）于 2018 年 10 月发布的《全球变暖升温 1.5℃特别报告》[1] 则指出：温室气体以当前速率持续排放，将会给生态环境带来不可逆转的影响，因此本世纪末应该将全球温升控制在 1.5℃内。2018 年斯坦福大学在 ***Nature*** 上发表的文章也指出：在本世纪末实现 1.5℃升温限值目标，相比 2℃升温限值，全球将节省 20 万亿美元[2]。

全球气温升高的主要原因是大量温室气体的排放。温室气体主要包括二氧化碳（CO_2）、甲烷（CH_4）、氧化亚氮（N_2O）、氢氟碳化物、全氟碳化物和六氟化硫等等，其中 CO_2 是主要的温室气体，对全球变暖的影响占比约为 60%。图 1-1 反映了 1984 年至 2023 年大气中 CO_2 浓度变化和 CO_2 年增长速率。从工业时代开始，大气中 CO_2 浓度逐年增加，到 2023 年 CO_2 浓度达到 420μg/g[3]。相比 2022 年，CO_2 浓度增加了 2.3μg/g，这一增长标志着连续十二年 CO_2 的浓度增长都超过 2μg/g。CO_2 在大气中的积累速度比人类生存期间的任何时候都快。目前的大气 CO_2 水平已经比工业革命前（1760 年之前）高出 51%。2022 年至 2023 年的增长率为 2.3μg/g，略高于 2021 年至 2022 年增长率（2.2μg/g），略低于过去十年的平均增长率（每年 2.4μg/g），增长率的轻微下降并不意味着 CO_2 排放量的减少，很可能是由于自然变化造成的。实现碳减排已成为国际社会应对全球变暖的共识。国际可再生能源机构（IRENA）指出要通过脱碳社会来实现全球气候目标，希望 2050 年以后，实现 CO_2 净零排放，甚至零排放[4]。

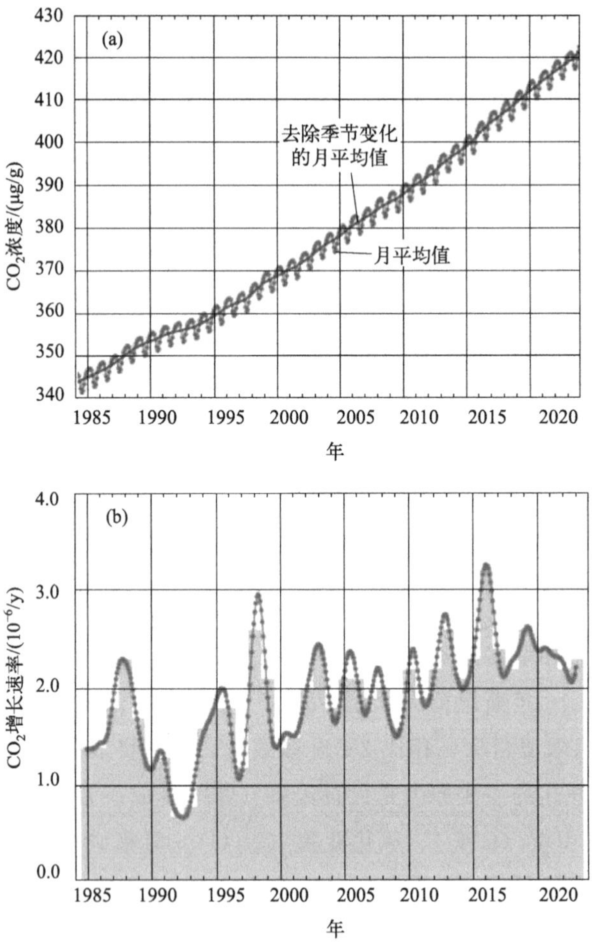

图 1-1　1984—2023 年全球 CO_2 平均浓度（a）和增长速率（b）[3]

CO_2 的大量排放主要源于化石能源的燃烧。据国际能源署统计，2023 年全球与能源相关的 CO_2 排放量达到 374 亿吨[5]。2019～2023 年，与能源相关的二氧化碳排放量增加约 9 亿吨，如果从 2019 年起，没有积极部署光伏、风能、核能、电动汽车、热泵等 5 项关键清洁能源技术，CO_2 排放增长将是目前的 3 倍[5]。化石燃料占全球能源供应量的 82%。尽管与 21 世纪初相比，近十年来化石燃料碳排放的增长率有所放缓，但化石燃料的碳排放量仍然很高。图 1-2 反映了 2022～2023 年不同地区煤炭、石油和天然气燃烧产生的 CO_2 排放量。据全球碳项目发布《2024 年全球碳预算》，由于能源需求上升，预估 2024 年全球化石能源消耗产生的 CO_2 达到历史最高水平，总排放量为 374 亿吨，相比 2023 年增加 0.8%[6]。预计 2024 年由煤炭、石油和天然气燃烧排放的二氧化碳分别比 2023 年高 0.2%、0.9%和 2.4%。

2023 年，我国二氧化碳排放量 126 亿吨，相比 2022 年增加 5.65 亿吨[5]。《2024 年全球碳预算》报告中指出，与 2023 年相比，2024 年我国化石燃料造成 CO_2 排放增加 0.2%（预估为 120 亿吨）[6]。

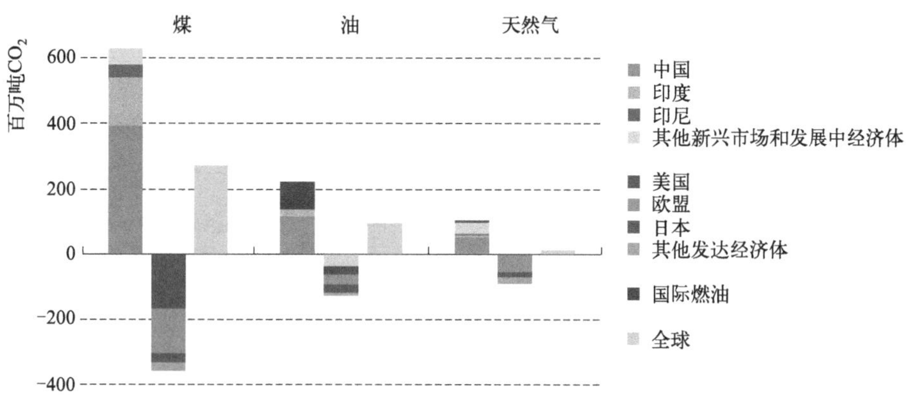

图 1-2　2022～2023 年不同地区不同化石能源燃烧产生的 CO_2 排放量[5]

1.2 燃煤电厂 CO_2 捕集技术

目前燃煤电厂 CO_2 捕集主流技术包括燃烧后捕集、燃烧前捕集、富氧燃烧捕集及化学链燃烧技术。以下从技术原理与工业应用角度展开分析。

1.2.1 燃烧后捕集

燃烧后捕集[7] 是在煤等燃料充分燃烧后，对排放烟气进行 CO_2 捕集分离的技术。图 1-3 为燃烧后捕集技术的示意图。该技术发展成熟度高，应用范围广，目前国内外均已建有燃烧后捕集示范装置，如加拿大的 Boundary Dam 项目、美国 Petra Nova 项目、中国国能锦界公司高达 15 万吨/年的碳捕集项目。燃烧后捕集装置[8] 设在烟气尾部，不需要对发电设备进行大规模改造，操作灵活，而且不影响发电装置，是现有电厂进行 CO_2 捕集的优先选择。由于烟气中 CO_2 分压低，燃烧后捕集也面临分离能耗高的问题。

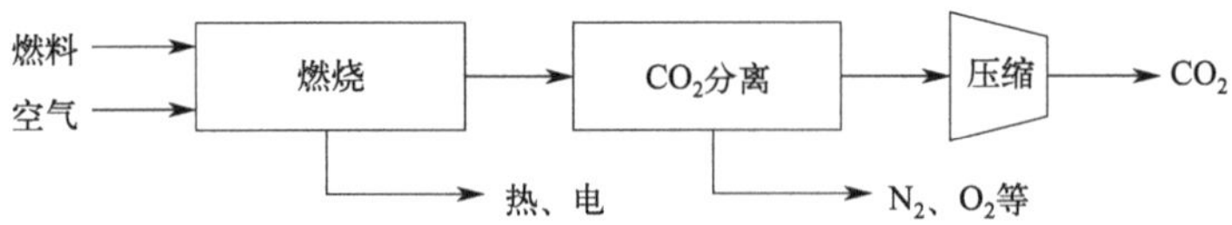

图 1-3 燃烧后捕集技术示意图[9]

1.2.2 燃烧前捕集

燃烧前捕集技术[10] 主要适用于以气化炉为基础的发电厂，如煤气化联合循环发电（IGCC）。图 1-4 为燃烧前捕集技术路线图。首先，煤等燃料在高温高压、氧气或空气气氛下发生气化反应，产物煤气主要包含 CO、H_2；然后 CO 在催化反应器中经水煤气变换转化为 CO_2，此时得到的 CO_2 浓度较高（约为 15%～60%），易于分离，而 H_2 则被用作循环发电的燃料。虽然该技术得到 CO_2 浓度高，但在吸收捕集前需对混合气进行降温预处理，而分离的 H_2 也需要重新加热进入发电系统，这无疑增加了捕集成本。

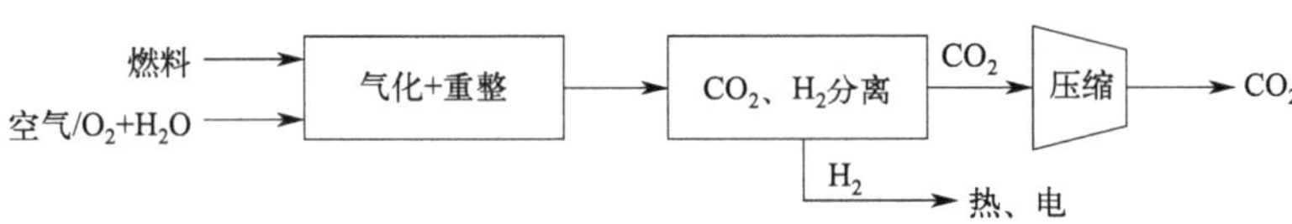

图 1-4 燃烧前捕集技术路线图[9]

1.2.3 富氧燃烧捕集

富氧燃烧捕集技术[11] 是将氧气从空气中分离，然后使燃料在分离的高浓度氧气中燃烧，产生的烟气中含有高浓度 CO_2。图 1-5 为该技术路线图。首先，采用空气分离设备将空气中的氧气分离，从而得到高纯度氧气，然后使燃料在燃烧炉、高纯氧气气氛下燃烧。为完成换热保证燃烧温度，需将部分烟气循环到燃烧炉，因而产生烟气中含有 H_2O 及微量 SO_2、NO_x 杂质，经除湿、除尘等工序得到高浓度 CO_2（约为 80%～98%）。虽然 CO_2 捕集分离成本低，但是分离空气制备高纯氧使能耗及成本大大增加。

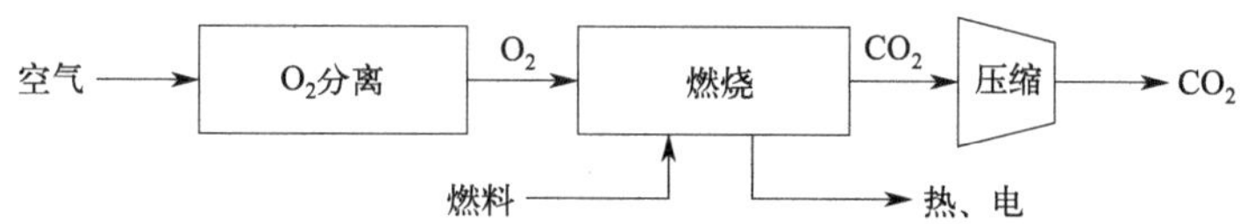

图 1-5 富氧燃烧捕集技术示意图[9]

1.2.4 化学链技术

化学链燃烧技术[12,13] 作为一种新的燃烧方式被提出，与传统的燃烧方式相比，该技术不需要气体分离装置便可实现燃料燃烧和 CO_2 分离，可视为在燃烧中分离 CO_2 的改进技术。图 1-6 为化学链燃烧技术路线图。通过载氧体的氧化还原，将燃料在空气中的燃烧解耦为两个反应，还原态载氧体（Me）在空气反应器中被氧化，然后氧化态载氧体（MeO）进入燃料反应器释放晶格氧，燃料与晶格氧发生燃烧反应，产物中只含有 CO_2 和水蒸气，最后被还原的载氧体再进入空气反应器进行循环使用。由于燃料反应器产物中只有 CO_2 和水蒸气，简单的冷凝即可实现 CO_2 分离。

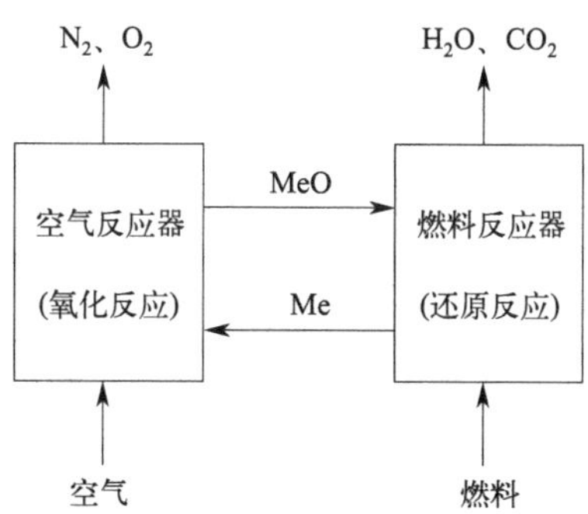

图 1-6 化学链燃烧技术示意图[13]

化学链燃烧技术[12,13]的优势主要包括以下几点：①具有内分离 CO_2 的特点，不需要外加分离装置进行 CO_2 捕集；②分步燃烧过程实现了能量梯级利用；③避免了燃料型 NO_x 的产生，同时由于燃烧温度较低，减少了热力型 NO_x 的产生。因此，从节能的角度出发，化学链燃烧技术是一种非常有前景的化石燃料清洁转化方式。目前，该技术还处于研发阶段。

1.3 燃烧后 CO_2 分离方法

表 1-1 列出了典型燃煤电厂烟气气体组成。其中，CO_2 浓度约为 10%～15%，但是允许被排放进入大气中的 CO_2 浓度为 0.03%[14]。实现燃煤电厂烟气中 CO_2 的高效捕集分离，对改善大气环境具有重要意义。

表 1-1 典型电厂烟气组成[15-17]

烟气组分	占比/%
CO_2	10～15
N_2	70～75
O_2	3～5
H_2O	8～15
杂质气体	<1

燃烧后捕集技术受到国内外研究学者的广泛关注。目前，用于燃烧后 CO_2 捕集分离的方法主要有溶液吸收法、膜分离法、低温蒸馏法和固体吸附法等[18]。表 1-2 对比了几种分离方法的优势与不足，并给出了适用范围。

表 1-2 燃烧后捕集分离方法的优缺点[19]

分离方法	分类	优点	缺点	适用范围
溶液吸收法	物理吸收法	不易腐蚀设备，能耗低，同时去除 H_2S	CO_2 选择性较差，吸收剂再生效率低	低温高压、高浓度 CO_2 分离
	化学吸收法	CO_2 选择性高，操作简单	易腐蚀设备，再生成本高，吸收剂易降解	低浓度 CO_2 分离
膜分离法	—	装置简单，操作灵活	CO_2 选择性较差，膜的寿命短，使用成本高	高浓度 CO_2 分离

续表

分离方法	分类	优点	缺点	适用范围
低温蒸馏法	—	操作简单，回收 CO_2 便于运输	设备庞大，成本及能耗高	高浓度 CO_2 分离
固体吸附法	变温吸附	工艺简单，再生容易，腐蚀性小	再生耗时长，能耗高	高压 CO_2 分离
	变压吸附	腐蚀性小，工艺简单	装置规模大，能耗高，成本高	高温 CO_2 分离

1.3.1 溶液吸收法

溶液吸收法[8,20] 是采用吸收剂对混合气体进行分离脱除的方法，是最成熟的化工单元操作，常用于工业废气的处理。根据吸收原理的差异，溶液吸收法可分为物理吸收、化学吸收两种方法。

物理吸收法[21] 是利用气体在低温高压时被溶剂吸收，而在高温低压时被解吸的原理，实现气体分离的方法。在吸收与解吸过程中，未发生化学反应。工业上较成熟的物理吸收工艺主要有聚乙二醇二甲醚法、碳酸丙烯酯法、*N*-甲基吡咯烷酮工艺、低温甲醇/乙醇洗。物理吸收法所用溶剂不易腐蚀设备，捕集 CO_2 能耗低，但对 CO_2 选择性较差，溶剂再生效率低，只适用于高浓度 CO_2 分离。

化学吸收法[22] 利用气体与吸收剂发生可逆反应的原理，在低温时气体因与吸收剂发生反应而被固定，升高温度时由于逆反应发生气体被解吸释放。工业上常采用的化学吸收剂有氨水、热碱溶液及醇胺溶液等。采用醇胺溶液吸收 CO_2 反应路径的示意图如图 1-7 所示。燃煤电厂采用传统单乙醇胺（MEA）吸收法进行碳捕集，图 1-8 为典型的工艺路线。该技术发展最成熟，CO_2 捕集量大，已实现了规模化应用，但也存在一定缺点，如再生能耗大、易腐蚀设备、吸收剂易被烟气中杂质气体降解等。据统计，燃煤烟气流量大、CO_2 分压低，化学吸收法的碳捕集效率虽高，但吸收剂再生所需能耗占总能耗的 50%～80%[23]。研究者在传统吸收剂基础上开发了新型混合胺吸收剂、相变吸收剂和功能化离子液体吸收剂，可有效降低再生能耗。胺吸收剂的挥发降解，相变吸收剂相对较低的吸收容量以及离子液体高成本、高黏度等问题都是今后研究亟待解决的。

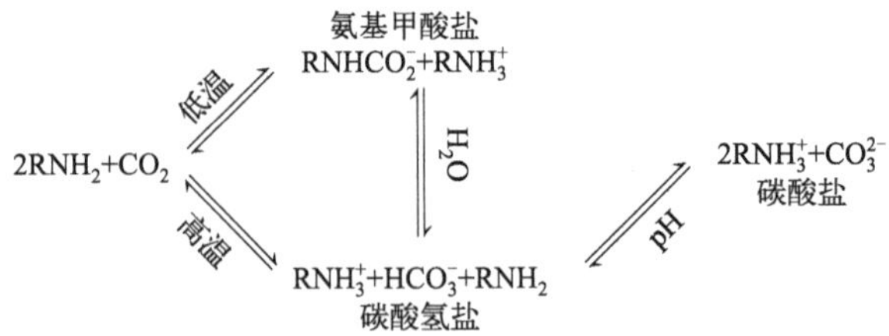

图 1-7　醇胺溶液吸收 CO_2 反应路径[24]

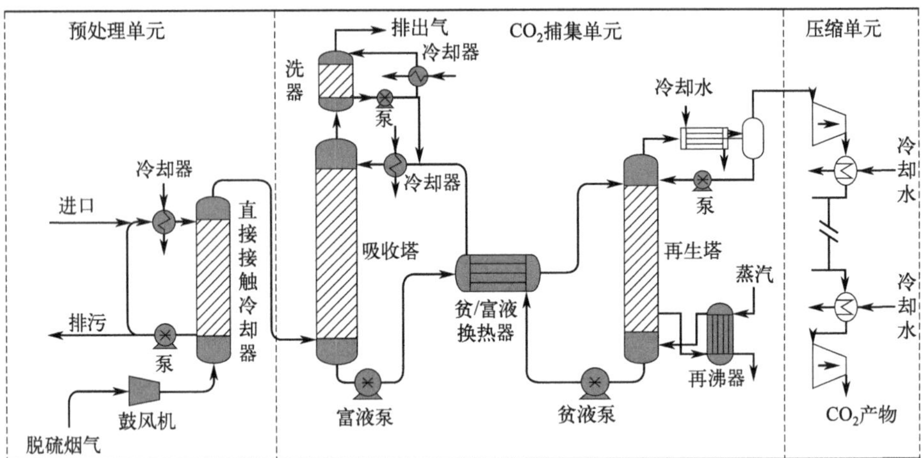

图 1-8　燃煤电厂传统 MEA 吸收法碳捕集工艺路线[25]

1.3.2　膜分离法

膜分离法[26] 是利用不同气体在压力推动下透过膜的传递速率存在差异，来实现混合气体中 CO_2 的分离。即在膜的两侧设置压力差，渗透率较高的气体优先透过薄膜，而渗透率偏低的气体则大部分停留在膜的另一侧。目前研究较多的分离膜有聚酰胺膜、醋酸纤维素膜、聚砜膜等[27]。膜分离技术对设备要求低，操作简单，但是在烟气气氛下对 CO_2 的选择性较低，很难获得高纯度 CO_2。此外，由于烟气气流量大，含有杂质气体，使得膜的耐受性较差，因而该技术还处于研究探索阶段。

1.3.3　低温蒸馏法

低温蒸馏法是利用 CO_2 在临界状态下易于液化的特点，对混合气体进行多级冷凝及压缩，达到液化 CO_2 从混合气中分离的效果。该方法回收的 CO_2 是液态，不需要再进行压缩，便于运输。但是所需设备庞大，成本及能耗高，一般用于处理 CO_2 浓度较高的混合气，不适用于烟气中 CO_2 分离。

1.3.4　固体吸附法

固体吸附法[28] 主要是利用 CO_2 与固体吸附剂表面发生相互作用，达到从混合气中分离 CO_2 的效果。图 1-9 为固体吸附剂在流化床反应器中的 CO_2 吸附过程。基于吸附剂低温高压时吸附、高温低压时脱附的特点，固体吸附法可分为变温吸附（TSA）和变压吸附（PSA）。

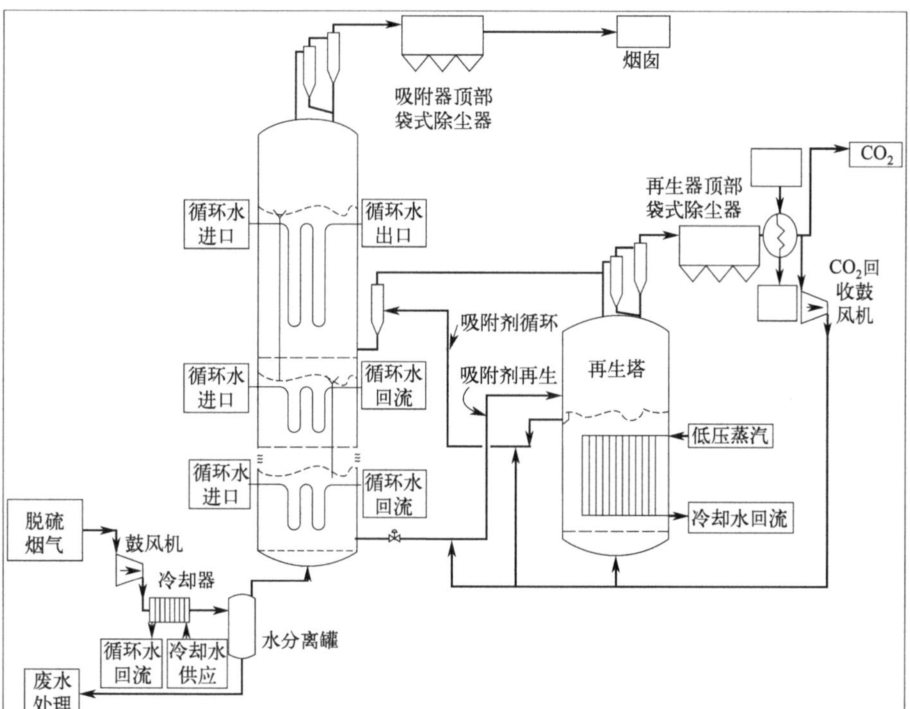

图 1-9　固体吸附剂在流化床反应器中的 CO_2 吸附过程[7]

变压吸附过程[29]是在高压时进行吸附，在常压或真空条件下进行脱附，通常用于燃烧前 CO_2 捕集。该方法需要大型装置，且存在能耗及成本高等问题。因此设计高效吸附剂、缩小吸附装置是目前研究的重点。

变温吸附过程[30-32]是利用 CO_2 平衡吸附量随温度升高而降低的特点，从而进行常温吸附升温脱附。该方法投资成本高，吸脱附耗时长。采用与 CO_2 结合力较强的吸附剂，用于烟气中 CO_2 吸附分离，由于变压脱附难以实现吸附剂完全再生，因此变温吸附法更适合该状况下吸附剂的再生。此外，Krutka 等[7]报道，通过变温吸附工艺设计，可以捕获烟气中 90% 的 CO_2。

总之，固体吸附法具有吸附量大、吸附速率快、选择性较高、再生成本小、稳定性好、操作简单等优势，被认为是分离脱除烟气中 CO_2 最有效的方法之一。而高性能固体吸附剂的制备是实现 CO_2 高效分离的核心问题。

1.4 吸附剂分类及研究进展

目前用于烟气 CO_2 捕集的固体吸附剂有金属氧化物、沸石分子筛、硅材料、金属有机框架、炭材料等[33]。

1.4.1 金属氧化物

金属氧化物吸附剂主要有两种，碱金属氧化物和碱土金属氧化物。碱金属氧化物包含 Na_2O[34,35]、Li_2O[36,37]、Li_4SiO_4[38,39]等，碱土金属氧化物包含 CaO[40,41]、MgO[42-45]等。由于 CO_2 是酸性气体，与金属氧化物反应可生成碳酸盐（或碳酸氢盐），在高温下吸附产物碳酸盐（或碳酸氢盐）可重新生成金属氧化物（金属碳酸盐）和 CO_2。Na_2O 和 Li_2O 的碱性太强，稳定性差，不能单独用于 CO_2 吸附。纯氧化镁与 CO_2 反应生成的碳酸镁，会限制氧化镁进一步与 CO_2 反应，较低的动力学反应性，使得 CO_2 吸附量低于 1mmol/g[46]，CaO 在 600～700℃表现出较高的吸附性能[47,48]，这类吸附剂吸附 CO_2 的温度一般较高，不适用于脱硫脱硝、除尘后烟气环境下的 CO_2 吸附。

为了改善金属氧化物吸附量低、稳定性差的问题，研究者采用模板法将金属氧化物制备成有序多孔吸附剂，如介孔 MgO[42,43]、介孔 Al_2O_3[49,50]。Bhagiyalakshmi 等[42] 以 P123 为结构导向模板、谷壳灰为硅源合成 SBA-15，然后经蔗糖和硫酸处理得到介孔炭 CMK-3，最后以 CMK-3 为模板合成介孔氧化镁作为 CO_2 吸附剂，在 25℃、100℃ 的吸附量分别为 1.82mmol/g、2.27mmol/g。相对于 MgO 粉末，介孔 MgO 的吸附利用了金属氧化物的碱性，同时介孔结构增大了 MgO 与 CO_2 的接触，吸附量大幅度提高，但是脱附温度仍较高，在 450℃左右，再生能耗高。为了提高 CO_2 吸附性能，也有研究者采用水热法合成纳米结构金属氧化物，并负载胺活性组分作为吸附剂。Cai 等[51] 以硫酸铝、氯化铝、硝酸铝为铝源，通过水热法合成具有纳米结构的分层 γ-Al_2O_3。Feist 等[50] 以 γ-Al_2O_3 为载体，负载活性组分，用于 CO_2 吸附。有序多孔或纳米结构金属氧化物虽然表现出优异的吸附性能，然而由于合成过程复杂，限制了其工业化应用。

1.4.2 沸石分子筛

沸石分子筛是天然的结晶金属硅酸盐骨架材料，是一种强极性吸附剂，被广泛应用于气体分离和净化。沸石分子筛的吸附能力取决于孔径结构、交换阳离子类型等。合成过程中，沸石分子筛的孔径可调节在微孔（＜2nm）、介孔（2～50nm）、大孔（＞50nm）范围内，同时金属阳离子数量同样可调。根据晶型及硅铝比可将分子筛分为不同类型，其中 A 型、X 型、Y 型、Z 型分子筛常被用于 CO_2 吸附。吸附机理是基于 CO_2 与碱金属阳离子之间的强偶极-四极（静电）相互作用。研究者对 13X、5A、ZSM-5 分子筛进行了吸附性能表征，室温、CO_2 分压为 0.15 时的吸附量约在 0.45～2.72mmol/g 范围内[19]。Hasan 等[52] 对 13X 在真空吸附过程中的适用性进行了评估，发现当 CO_2 在混合气中占比超过 15%时，使用真空吸附比传统的胺溶液吸收法更具成本效益。酸处理可分解颗粒，去除矿物杂质，Kongnoo 等[53] 为了改善分子筛表面性质，采用盐酸对合成分子筛 13X 进行活化，使中孔体积和总孔体积显著增加，CO_2 吸附量增加到 3.21mmol/g。为了提高低分压下 CO_2 选择性吸附，Jadhav 等[54] 则以单乙醇胺对分子筛 13X 进行改性，在 30℃时，CO_2 吸附量比未改性 13X 的吸附量提高约 1.6 倍；而在 120℃时，吸附量提高了 3.5 倍。沸石分子筛对温度和水蒸气极其敏感，水蒸气的存在容易造成 CO_2 吸附量降低，且再生温度高，不适用于烟气中 CO_2 的分离。

1.4.3 硅材料

研究者最早以甲烷基季铵盐阳离子为模板合成一系列有序介孔氧化硅材料（又名介孔硅分子筛）。介孔硅分子筛具有高度有序、孔径均一的孔道结构（2～50nm）、较高的比表面积和孔体积，表面富含硅羟基，可负载更多的有机胺，因而在 CO_2 捕集领域受到研究者的青睐。目前正在研究的介孔硅分子筛主要有 MCM-41[55-57]、MCM-48[58-60]、SBA-15[56,61,62]、SBA-16[63,64]、KIT-6[65,66] 等。王霞等[67-69] 以 MCM-41 为载体制备了一系列的吸附剂，分析了胺浸渍法与胺嫁接法、混合胺改性、载体窄孔径与分级孔对 CO_2 吸附性能的影响。结果表明，与浸渍法相比，嫁接法可提高有机胺的稳定性，四乙烯五胺（TEPA）/2-氨基-2-甲基-1-丙醇（AMP）混合胺改性使胺效率增加，MCM-41/介孔硅胶复合载体的分级孔结构促进了有机胺活性组分均匀分散及 CO_2 气体扩散，从而使吸附性能提高。为了提高氨基负载量，太原理工大学张国杰教授课题组[70,71] 合成了二维六方体结构的 SBA-15（P），浸渍 60% TEPA 为吸附剂，得到 CO_2 吸附量最高为 5mmol/g；然后为了提高胺的稳定性，先接枝 3-氨丙基三乙氧基硅烷（APTES），再浸渍 TEPA，合成了一种新型的双功能化吸附剂，在 75℃时的吸附量最高可达 5.69mmol/g，经 15 次吸附循环后，吸附量可维持在 5.2mmol/g。

除了介孔二氧化硅外，硅胶[72-74]、泡沫硅[75,76] 等经胺改性后也可用于 CO_2 捕集。目前固体胺吸附剂研究存在的主要问题是再生过程中吸附性能下降，其原因分为物理降解和化学降解两个方面：物理降解是指胺浸出损失，化学降解是指有机胺在高温再生过程中发生断链，形成尿素[77-79]。Wurzbacher 等[80] 采用将二氨基硅烷嫁接到硅胶上，在 40 个吸附/脱附循环中表现出优异的稳定性，但嫁接法可负载胺的量有限。Jung 等[75] 则以 1,3-丁二烯双环氧化合物为交联剂，使其与聚乙烯亚胺（PEI）反应，然后浸渍到泡沫硅（MSU-F）中，在 CO_2 吸脱附循环中有效抑制了尿素的形成，PEI 的物理化学稳定性提高。胺改性硅材料的研究主要集中于载体的合成、胺分散性/稳定性的提高、吸附机理探究，其在混合气氛下具有优异的吸附性能，但合成方法主要依靠水热法，合成过程复杂，耗时较长。

1.4.4 金属有机骨架

金属有机骨架（MOFs）是由金属离子（或金属簇）和有机配体构建的，

属于新型多孔材料[81,82]。MOFs材料具有易于合成、孔隙发达、比表面积大、骨架结构易修饰等优点，在气体分离与存储、多相催化、药物传递等领域受到广泛关注[83-85]。为了实现MOFs对烟气中低浓度CO_2高选择性捕集，研究者对其进行孔结构调控和表面功能化，主要包含三种策略，不饱和金属位点MOFs、超微孔MOFs和胺功能化MOFs[86]。

由于CO_2是碳原子与氧原子sp杂化的非极性线性分子，O原子呈电负性，C原子呈电正性，具有特殊吸附位点的官能团对CO_2具有很强的亲和力，能够接受电子或提供电子[86,87]。在MOFs中设计不饱和配位金属位点，可以接受CO_2转移的电子，较低轨道能量的金属阳离子提供高强度势场，从而提高CO_2吸附能力[19]。具有特殊几何通道的超微孔MOFs是另一研究方向。对于超微孔MOFs，如SIFSiX-n-M，其孔径可通过框架内有机配体和金属离子的交换得到准确调控。调控MOFs孔径小于CO_2分子的动力学直径，CO_2可在孔道内固定，扩散速率减慢。超微孔MOFs用于含水混合气体分离时，水分子优先占据孔道，且难以分散，因而吸附剂再生稳定性降低。不饱和金属位点MOFs和超微孔MOFs吸附CO_2是物理吸附过程。Bao等[88]合成的Mg基MOF-74在25℃、1bar（$1bar=10^5Pa$）下的CO_2吸附量为37%（质量分数）；而当CO_2分压降低为0.1bar时，吸附量降低为23.6%（质量分数）[89]。低CO_2分压给大多数MOFs吸附剂带来了很大的困难，特别是在潮湿条件下，吸附剂与水的竞争更为激烈。

为了提高CO_2吸附能力和选择性，氮作为另一种电负性原子，常被用来构建CO_2的活性位点。胺基中的N原子外层轨道上有一孤对电子，借鉴胺改性介孔二氧化硅吸附剂的制备，采用胺修饰MOFs，是提高CO_2选择性吸附的另一策略。Shin等[90]采用聚乙烯胺改性MIL-101，室温下CO_2吸附选择性和吸附量分别是原始MIL-101的11倍和2.5倍左右。Zhang等[91]研究了胺嫁接MOF的吸附性能与微观机理，二甲基乙二胺与MOF结合能较高（104～174kJ/mol），吸附CO_2后形成氨基甲酸盐。虽然已报道胺功能化MOFs在低压CO_2捕集方面性能优异，但胺功能化MOFs的发展仍处于初级阶段，还需要在实际条件下探索MOFs吸附CO_2的机理以及动态吸附实验，建立材料结构、表面化学性质和CO_2捕集效能之间的关系。此外，MOFs在水蒸气、酸性气体和热再生环境下的稳定性也是需要解决的关键问题。

1.4.5 炭材料

炭材料主要由碳元素组成，在环境压力和温度下具有良好的热稳定性和化学稳定性、导电导热性、弹性及生物亲和性，常用于气体分离或储存、超级电容器、燃料电池、催化剂、药物传递等领域[93]。研究者将炭材料用于 CO_2 捕获，主要归因于其以下五方面的优势：①炭材料对水分不敏感；②炭材料的成本合理；③吸附/脱附温度低于 200℃；④可在大气压力下使用；⑤孔隙率高，表面易修饰。

表 1-3 列举了不同固体吸附剂的优缺点。金属氧化物及 MOFs 材料合成过程复杂，循环稳定性差，沸石分子筛及硅材料在水存在时，吸附性能降低，且再生性能差[19]，不适合工业化应用。而炭材料具有成本低、孔结构易调、表面化学性质易修饰、疏水性及热稳定性好、抗酸碱腐蚀性强等优点[94,95]，最适用于烟气混合气氛中 CO_2 的选择性吸附。

表 1-3 固体吸附剂的优缺点[19,92]

吸附剂	优点	缺点
金属氧化物	碱性强，适用于燃烧前捕集	吸脱附温度偏高，能耗、成本高，过程复杂
沸石分子筛	强极性，孔结构有序、孔径均一，孔体积大	物理吸附量低，对水极其敏感，再生困难、能耗高
硅材料	表面极性，孔结构有序、孔径均一，孔隙率大	合成过程复杂、耗时长，对水敏感
金属有机骨架材料	比表面积较高，孔结构有序易调，根据金属团簇与有机配体的组合调控选择性	低 CO_2 分压下吸附性能差，合成复杂、成本高，对湿度敏感，高温稳定性差
炭材料	热/化学稳定性优异，表面易修饰，成本低，孔隙率高，疏水性，可在大气压环境下使用	表面官能团较少

1.4.5.1 炭材料分类

由于成本低、孔隙率高、孔结构易调、表面化学性质易修饰、疏水性及热稳定性好、抗酸碱腐蚀性强等优点，炭材料是最具前途的 CO_2 吸附材料[96]。

然而作为烟气固体吸附剂实现规模化应用，还需要满足以下要求：高吸附量、高选择性、高机械强度、较快的吸附速率、温和的再生方式、优异的循环稳定性。因此，新型高性能碳基吸附材料的设计是当前研究的热点，主要分为热解炭、活性炭、碳纳米管、碳纤维、碳分子筛。

（1）热解炭

热解炭[97] 主要是指生物质（木屑、果壳）、动物粪便、煤、沥青等前驱体在200～900℃进行热解后得到的多孔炭材料。常见的低成本热解炭材料，如木炭、生物质炭、炭化生物质等，已广泛用于环境固碳修复和土壤改良中。热解炭名称的多样性不仅反映了热解光谱特征的多样性，也反映了其从能源到农业应用的多样性。随着热解/炭化温度的升高，热解炭的孔隙率及含碳量也随之增加[98,99]。

热解炭的理化性质取决于碳前驱体的类型，而高孔隙率是热解炭实现高CO_2吸附量的前提。考虑到热解炭孔隙率的增加是由于挥发性有机化合物释放造成的，通常选用挥发分含量高的生物质或低阶煤作为原料。近年来，生物质作为一种廉价的碳源，受到研究者的广泛关注。Kim等[100] 对比了不同生物质类型热解得到生物质炭的比表面积和孔隙率，发现在相同的热解条件下，生物质炭比表面积大小顺序为：纤维素＞木聚糖＞木质素＞橡木＞草，且在CO_2气氛下热解可促进挥发分的脱除，使比表面积和孔隙率增加。煤炭的孔隙结构较为发达，存储量较大，来源稳定，也是制备高品质炭材料的常用碳源。煤热解过程中，原有封闭的孔隙被打开，并产生新的孔隙结构。生成的煤焦炭具有树形孔隙结构，其中大孔分支出许多超级微孔，可为CO_2扩散减少阻力[99]。煤焦炭孔隙率和比表面积大小取决于煤的等级、性质和显微组分组成[101]。褐煤的煤化程度低，挥发分含量高，常被研究者用来制备炭材料，孔隙率随碳转化率增大而增加[102,103]。热解速率是影响热解炭孔结构的另一重要因素。低加热速率倾向于产生以微孔为主的热解炭；快速加热会在材料中产生大气孔。有研究表明，快速热解褐煤比慢速热解褐煤具有更高的开孔体积，产物收率低，含碳量少[99]。

除高温热解外，还有其他低成本和净零排放生产热解炭的方法，包括微波辅助热解和水热炭化。微波是频率在300MHz到300GHz之间的电磁波，相应的波长在1mm到1m之间。微波加热有两种机制：一种是偶极子旋转，另一种是离子迁移，都能快速而均匀地进行加热。与传统加热相比，微波加热的优势[104]有：非接触加热；能量转移而非传热；快速加热；可对材料进行选择性加热；快速启动和快速停止；从材料内部加热；安全性和自动化更高。同时有研究表明，微波热解制得的生物质炭与常规加热制得的生物质炭具有相似的性质[104]。Huang 等[105]以挥发分含量为 79.71%的秸秆为原料，通过微波热解（150～250W）制备的生物质炭，比表面积为 31.6～122.2m^2/g，在 20℃时 CO_2 吸附量最高为 1.82mmol/g，吸附活化能较低，因而 CO_2 在生物质炭上的吸附行为是物理吸附过程。同时与传统热解对比发现，200W 微波功率热解得到生物质炭的 CO_2 吸附量与 550℃传统热解生物质炭的吸附量相当，因此微波热解制得生物质炭的时间、成本和能耗都更低。生物质转化为热解炭的另一种方法是水热炭化（HTC），即生物质原料（如竹子、泥炭、纤维素、椰子、木材等）被水解，然后在低于传统热解的温度下进行炭化。该方法的优点是省去了干燥过程，因而减少了能量的投入，使成本降低。Hao 等[106]以草屑、马粪、啤酒生产的有机废料（啤酒废料）和造纸制浆厂废水处理厂的生物污泥为原料，经水热法制备生物质炭，作为活性炭吸附剂的原料。Martín-Jimeno 等[107]以氧化石墨烯（GO）薄片作为形态导向剂，通过水热法对葡萄糖进行炭化，葡萄糖经氧化石墨烯表面的催化活性（酸性）位点的脱水和缩合反应产生水热炭干凝胶。等离子体辅助生物质热解是另一种热解炭的制备方法，但目前文献尚未进行深入研究，由此产生的碳具有较高的比表面积和微孔体积，使其有望用于二氧化碳捕获[99]。

热解炭的制备方法简单，但由于未经活化，比表面积较小，孔隙不发达，因此 CO_2 吸附量也偏低，限制了它在烟气吸附领域的应用。然而热解炭再经活化即可得到活性炭，研究热解炭孔结构形成及表面官能团的变化，有助于活化剂的选择及活化条件的设置，从而进一步优化活性炭的性能。利用生物质炭作为合成活性炭 CO_2 吸附剂的原料，既经济有效，又利于环保。Hao 和 Martín-Jimeno 采用水热法制备生物质炭，作为活性炭吸附剂的原料。研究表明，经水热和化学活化两步法可制备高比表面积活性炭[106-108]。Li 等[109]从生物质种类的角度，对比了不同类型生物质炭经 KOH 活化制备活性炭的吸附性能。结果表明，以 450℃热解的豆荚木生物质炭为原料，活化后 B-PC 的比表面积为 3167m^2/g，孔体积为 1.65cm^3/g，在 30bar、25℃条件下 CO_2 吸附量为 26.0mmol/g；此外，对比不同热解温度对生物质炭基多孔炭 B-PC 吸附性能的影响。结果发现，在中等温度下热解木材废物再经活化制备的 B-PC 具有良好的二氧化碳吸附性能，可用于工业应用。

（2）活性炭

活性炭（AC）是一种具有发达孔隙结构的多孔固体材料，常被用于气体吸附分离及废水中挥发性有机化合物（VOC）的处理。其制备过程不仅需要对碳前驱体进行高温炭化，还需经活化、酸洗或碱洗、漂洗等一系列过程。活化方法又分为物理活化和化学活化。物理活化是指通过炭化物与水蒸气、空气、氧气或二氧化碳在高温下反应实现。化学活化是指炭化物与化学试剂在高温下发生反应，并产生孔隙结构，常用的化学活化剂有氢氧化钾（KOH）、氢氧化钠（NaOH）、碳酸钾（K_2CO_3）、氯化锌（$ZnCl_2$）、磷酸（H_3PO_4）等。化学活化可赋予活性炭更大的孔隙率和比表面积，尤其是碱活化还可以增加活性炭表面碱性，缺点是化学活化过程相对复杂，需要消耗大量化学药剂，且有腐蚀性。物理活化操作简单、环保，反应温和，但是产物孔隙率偏低。

表 1-4 对比了不同活化方法所得活性炭的孔结构参数（比表面积、孔体积和微孔体积）及 CO_2 吸附性能。活性炭吸附 CO_2 性能主要取决于吸附剂的孔结构及表面化学性质，活性炭的孔径结构则直接受活化方法的影响。Plaza 等[110] 认为，与传统二氧化碳或水蒸气活化相比，采用空气或氧气活化更节能，并以杏仁壳和橄榄核为原料，对比了空气（400～500℃）活化、3%～5%（体积分数）氧气（500～650℃）活化对制备活性炭孔径结构的影响。研究发现，通过选择适当的活化条件，可以实现孔径分布的优化。在较低氧气分压和较高温度活化下获得的活性炭具有较窄的微孔结构，这对低分压下 CO_2 的吸附至关重要。Li 等[111] 采用 KOH 活化制备活性炭，然后对其进行加压处理，作为 CO_2 吸附剂，研究发现，加压处理使活性炭大孔体积减少，而微孔（≤2nm）、窄微孔（＜1nm）、超微孔（＜0.7nm）的体积分别增大了 6.5%、3.1%、3.9%，CO_2 吸附量及 CO_2/N_2 选择性也相应提高。Hao 等[106] 以水热生物质炭为原料，对比了二氧化碳、磷酸活化制备活性炭的孔结构特性及 CO_2 吸附性能，得出结论，相对于物理活化制备的活性炭（PAC），化学活化可得到高孔隙率活性炭（CAC），比表面积为 $1073m^2/g$，孔体积及微孔体积分别为 $0.978cm^3/g$、$0.101cm^3/g$。同时，CAC 在 0℃、0.1bar 时表现出较高的 CO_2/N_2 选择性。

表 1-4 不同碳前驱体制备活性炭的孔结构参数及 CO_2 吸附性能

碳前驱体	活化剂	比表面积 /(m^2/g)	孔体积 /(cm^3/g)	微孔体积 /(cm^3/g)	吸附条件（温度、CO_2 分压）	CO_2 吸附量 /(mmol/g)	选择性 (CO_2/N_2)	文献
马粪	CO_2	749	0.82	0.14	0℃、0.1bar	1.36	19.4	[106]
草屑	CO_2	841	0.38	0.28	0℃、0.1bar	1.45	14.5	[106]
椰壳	KOH	1258	1.14	0.57	0℃、1bar	3.17	20.2	[111]
甘蔗渣	H_3PO_4	873	1.06	0.18	25℃、1bar	2.68	—	[112]
	NaOH	1149	1.73	0.08	25℃、1bar	4.28	—	[112]
橄榄石	CO_2	1113	0.51	0.45	25℃、1bar	3.0	—	[113]
生物质焦油	KOH	1829	1.25	0.49	0℃、1bar	5.03	26.3	[114]
					25℃、1bar	3.13	32.4	[114]
海草	KOH	292	0.24	—	25℃、0.12bar	1.05	—	[115]
胡桃壳	H_2O	699	—	0.37	0℃、1bar	0.67	—	[116]
聚合物	KOH	1526	—	0.62	25℃、1bar	4.21	—	[117]
聚合物	KOH	1226	—	0.57	0℃、1bar	6.11	20.2	[118]
酚醛树脂	KOH	2400	—	—	0℃、1bar	8.90	—	[119]
聚合物	KOH	1451	0.71	—	0℃、1bar	6.16	24.0	[120]
糠醇	—	1225	—	0.85	30℃、1bar	1.60	—	[121]
杨絮	$ZnCl_2$	1455	0.68	0.38	0℃、1bar	6.22	81.0	[122]
柳絮					25℃、1bar	4.05	89.0	[122]
城市固废	H_2SO_4	279	0.17	0.09	40℃、1bar	1.62	—	[123]

除孔径结构外，活化方法对活性炭表面化学性质也存在影响。Guo 等[112]以甘蔗渣为原料，分别采用空气、二氧化碳、磷酸、氢氧化钠活化制备了活性炭。研究发现，化学活化得到活性炭（CAC-P、CAC-S）的孔隙率、CO_2 吸附性能优于物理活化得到的活性炭（PAC-A、PAC-C）。PAC-A、PAC-C 的孔径主要分布于 2～10nm 内，而 CAC-P、CAC-S 在 2～100nm 内表现出较宽的孔径分布。氢氧化钠活化得到活性炭 CAC-S 的吸附性能最佳，在 0℃、25℃的 CO_2 吸附量分别为 5.50mmol/g、4.28mmol/g，这主要归因于最高的比表面积、孔体积（1149m^2/g、1.73cm^3/g）促进了气体扩散，同时氢氧化钠活化使活性炭表面碱度增强，吸附活性位点增加，促进了酸性气体 CO_2 的吸附。

为了节约成本，活性炭也可通过一步活化法实现。González 等[113] 以橄榄石（OS）和杏仁壳（AS）为原料，采用 CO_2 一步法活化制备活性炭吸附剂。在 101kPa 条件下，OS 基活性炭在 0℃、25℃、100℃条件下吸附量分别为 4.8mmol/g、3.0mmol/g、0.7mmol/g。在 25℃和 15kPa 时，吸附量降至 1.1mmol/g，说明温度和压力对物理吸附 CO_2 具有重要影响。Yuan 等[114] 以生物质焦油为原料，多孔氧化钙 CaO 为模板，KOH 为活化剂，通过一步法合成高孔隙率活性炭。制备过程中活化-模板-炭化同时进行，产物活性炭的孔隙率可调，比表面积可高达 2424m^2/g，孔体积高达 1.854cm^3/g。当生物质焦油：CaO：KOH 质量比为 1：2：3 时，PC-2-3 的吸附性能最佳，在 0℃、25℃的 CO_2 吸附量分别为 5.03mmol/g、3.13mmol/g，吸附热最高为 48.55kJ/mol。较高的吸附热主要归因于 CO_2 分子与超微孔的强作用力。根据亨利定律和理想溶液吸附理论得到，PC-2-3 在 0℃、25℃的 CO_2/N_2 选择性分别为 26.3 和 32.4。经 10 次吸附循环后，CO_2 吸附量可保持初始吸附量的 95%。

高性能活性炭优化制备是目前的研究热点。而烟气杂质气体对吸附的影响也引起了研究者的关注。Ding 等[115] 以两种不同的海草为原料，通过 800℃、KOH 活化制备生物质炭基活性炭，采用穿透吸附反应器表征了吸附剂在 12% CO_2 气氛下的吸附量，最高为 1.05mmol/g。然后分析了烟气杂质气体 O_2、SO_2、NO 对 CO_2 吸附的影响。研究结果表明，O_2 和 NO 的存在对 CO_2 吸附没有影响，而 SO_2 会使吸附量微量下滑。

综上所述，活性炭的制备方法成熟，孔径结构可调，在室温下具有较高的 CO_2 吸附量，吸附基本不受水蒸气的影响[33]，但其 CO_2 吸附选择性偏低。要实现混合气体下 CO_2 高选择性吸附，需对其进行功能化改性。

(3) 碳纳米管

碳纳米管（CNT）的结构类似于石墨烯片卷曲而成的单层或多层中空管。因此碳纳米管又分为单壁碳纳米管（SWCNT）和多壁碳纳米管（NWCNT），且均具有管间孔隙。除此之外，多壁碳纳米管还存在层间孔隙。碳纳米管的制备方法有电弧放电法、化学气相沉积法、气体燃烧法、固相热解法等。由于碳纳米管具有较大的比表面积、丰富的孔隙结构，且表面易修饰，导电性及水热稳定性优异，使其在气体分离、电化学等领域受到广泛关注。此外，其力学性能优异，抗拉伸强度高，质量轻，也常被用来制备复合材料。

由于相邻管的碳原子之间存在很强的范德华力，碳纳米管倾向于自组装成稳定的束。这种几何排列产生了不同的吸附位点，这些吸附位点的吸附能也各不相同。Yang 等[124] 采用分子模型模拟了在 300K 和 40bar 压力下，CO_2 在吸水碳纳米管、干燥碳纳米管内的吸附特性及扩散行为。结果表明，在低压下，相对较小直径的 CNT 可以获得较高的 CO_2 吸附量，而水的存在可以增强较大直径碳纳米管对二氧化碳的吸附。而且所模拟的吸附等温线和扩散系数结果与基于理想吸附溶液理论和基于 Krishna 和 Paschek 方法的理论预测结果基本一致。

碳纳米管单独用作吸附剂的吸附性能较低，相关研究也较少。Lee 等[125] 对比表面积为 $272m^2/g$ 的多壁碳纳米管进行了吸附性能测试，纯 MWCNT 在 25℃、1bar 条件下的吸附量为 27mg/g。Su 等[126] 也报道了纯碳纳米管在 20～100℃、0.1bar 条件下的 CO_2 吸附量均低于 30mg/g。研究者主要是通过对碳纳米管表面进行杂原子掺杂改性、胺负载改性来提高 CO_2 吸附量，或与多孔炭、碳纤维等制备复合材料[127,128]，用于烟气中 CO_2 的吸附分离。相关改性方法在 1.4.5 节详述。

(4) 碳纤维

碳纤维（CF）是以含聚丙烯腈基纤维、沥青基纤维、腈纶或黏胶基纤维、酚醛基纤维等含碳纤维为原料，经高温活化得到的。活化过程使纤维比表面积增大，约在 $1000～2000m^2/g$ 范围内，并产生了纳米级孔。而且碳纤维孔径分布窄且均匀，平均孔径在 1.0～1.4nm 范围内，被认为是很有潜力的吸附剂材料。与颗粒状和粉状吸附剂相比，纤维状吸附剂具有易于操作、高强度等优点，因此碳纤维开始用于 CO_2 吸附的研究。

Lee 等[129] 利用化学活化法对商用活性碳纤维（ACFs）进行改性，以获得优异的 CO_2 吸附性能。同时研究了改性 ACFs 的孔结构与 CO_2 吸附行为的关系。经 900℃、KOH 活化后，改性 ACFs 的总孔体积和比表面积分别增加到 $1.124cm^3/g$（KOH/ACFs 质量比为 2）和 $2318m^2/g$（KOH/ACFs 质量比为 4）。与原始 ACFs 相比，总孔体积和比表面积分别提高了 2.5 和 2.3 倍。当 KOH/ACFs 质量比为 3 时，改性 ACFs 在 289K 和 1bar 条件下的 CO_2 吸附量最高为 250mg/g。改性 ACFs 的微孔分布最窄，约为 0.5～0.7nm。因此，化学活化后 CO_2 吸附量的增加与孔径分布的变窄密切相关，而与总孔体积和比表面积无直接关系。

Heo 等[130] 以纤维素纤维为原料，通过物理活化，在不同温度下制备了超微孔碳纤维。研究发现，采用水蒸气活化对造孔和扩孔有一定影响，可以有效地形成有利于 CO_2 吸附的最佳微孔。通过优化制备条件，CF-800-act 在 25℃和 1bar 条件下的 CO_2 吸附量最高，为 3.78mmol/g，CO_2/N_2 选择性高达 47.1，相比未加水蒸气样品提高了 70%。这是因为其微孔体积分数和超微孔尺寸分布在 0.7nm 以下，对提高 CO_2 的吸附能力起关键作用。超微孔碳纤维的吸附热相对沸石、MOFs 较低，在 29～38kJ/mol 范围内，因而吸附 CO_2 是物理吸附过程，脱附所需能耗低，使其在 10 次吸附-脱附循环中显示出良好的再生性能。

Nan 等[131] 以低分子量、水溶性酚醛树脂为原料，采用静电纺丝法和一步炭化法制备富含微孔结构的超细碳纤维（PR-C）。制备碳纤维的平均直径为 820nm，比表面积最高为 $650m^2/g$，微孔分布窄，主要集中于 0.50～0.63nm。与活化的超细碳纤维 PAN-AC 相比，PR-C 的比表面积和孔体积偏低，PR-C 在 25℃、1bar 和 150mbar 时的 CO_2 吸附量（2.92mmol/g、1.06mmol/g）大于 PAN-AC（1.23mmol/g、0.44mmol/g）。分析原因是超小微孔（0.50～0.63nm）约是 CO_2 动力学直径（0.33nm）的 2 倍，导致 PR-C 与 CO_2 分子相互作用增强，使 PR-C 具有较大的 CO_2 吸附量。此外，超细纤维的浅微孔促进了 CO_2 动力学扩散，浅微孔和整体孔隙结构利用率的提高也促进了 PR-C 对 CO_2 的吸附。

（5）碳分子筛

碳分子筛（CMS）具有较高比表面积、窄孔径分布，是新一代炭质吸附材料，其热稳定性和化学稳定性优异，在超级电容器、催化剂载体、气体吸附分离等领域应用广泛。碳分子筛的制备过程包括炭化、活化、碳沉积。所用原料主要有煤、生物质、有机高分子聚合物等。目前我国碳分子筛的制备主要以酚醛树脂为原料，煤焦油为黏结剂，生产成本高、污染大。生物质（特别是果壳类）的挥发分含量高、价格低廉、来源广泛，常被用作碳前驱体，但是精确控制碳分子筛的孔径大小是目前面临的主要问题。

研究表明，合理选择原料和合成条件可制备高性能碳分子筛[132]。以沥青为中间相，根据自烧结能力，可将碳分子筛制成粉末或整体，而不需要使用黏合剂，从而避免了与黏合剂有关的阻塞效应[133]。Silvestre-Albero 等[132] 根据石油残渣的性质、调节 KOH/沥青比例、中间相含量、制备条件（如活化温度和时间），对制备碳分子筛的结构和吸附性能进行优化。最终以减压油渣为碳前驱体，KOH：沥青比为 3：1 以及两种不同的中间相含量（5%和

93%，质量分数）制备了一种新型碳分子筛 VR-5 和 VR-93，比表面积分别为 2450m^2/g、2895m^2/g，孔体积分别为 1.12cm^3/g 和 1.42cm^3/g。VR-93 在 25℃、1bar 时的 CO_2 吸附量高达 2065mg/g。此外，在 3 次吸附/脱附循环后，碳分子筛在整个压力范围（高达 50bar）的优异吸附性能是完全可逆的。

Song 等[134] 以酚醛树脂制备的商业碳分子筛为吸附剂，研究了 CO_2 吸附行为，提出了一种新的吸附量与温度、压力之间的关系模型。利用该模型可根据特定温度下测定的数据预测不同温度下 CO_2 在碳分子筛上的吸附等温线，为选择合适的碳分子筛进行 CO_2 分离捕集提供了可靠方法。有机高分子基碳分子筛的吸附性能优异，但是原料成本较高。

Park 等[135] 研究了 CO_2、N_2 在圆柱形碳分子筛颗粒上的吸附平衡及动力学。碳分子筛的比表面积为 436.8m^2/g，在 25℃、35℃、45℃的 CO_2 吸附量均高于 N_2。然后采用克劳修斯-克拉佩龙方程（Clausius-clapeyron equation）计算吸附热，并通过非等温动力学模型评估吸附速率，研究结果表明 CO_2 吸附热、吸附速率均远高于 N_2。

Wahby 等[136] 分析了商业高分子聚合物基碳分子筛的孔结构，考察了大气压力和不同温度（0℃、25℃、50℃）下的 CO_2 吸附量，并将吸附量与不同碳分子筛的多孔结构相关联。分析结果表明，分子筛的孔结构取决于聚合物前驱体性质和制备合成条件；在不同吸附温度（0℃、25℃、50℃）下，具有丰富狭窄微孔体积的 C-G60 和 C-SIII 表现出较高的 CO_2 吸附量；孔径小于 0.48nm、窄微孔分布以及较高的窄微孔体积是获得高 CO_2 吸附量的必要条件，其中狭窄开放型的孔是影响 CO_2 吸附的关键因素。此外，该团队以石油沥青为原料、氢氧化钾为活化剂，也制备了一系列碳分子筛[133]，比表面积最大可达 3100m^2/g，窄微孔体积可达 1.4cm^3/g，在 0℃、1bar 时的 CO_2 吸附量最高为 380mg/g。由于高比例窄微孔的存在，碳分子筛在 CO_2/N_2 气氛下可实现选择性吸附 CO_2。

1.4.5.2 炭材料改性设计

通过优化炭材料的制备或活化方法，可以很容易地调控孔径结构，使 CO_2 吸附量提高。但一般原始碳基吸附剂对 CO_2 亲和力较弱，吸附热小于 25kJ/mol[137]，因而 CO_2 吸附选择性低。炭材料吸附剂经过进一步改性，在表面引入碱性基团或杂原子等，可增强与 CO_2 的亲和力，从而提高 CO_2 吸附选择性。图 1-10 为炭材料的种类、孔径及表面官能团调控方法。本节主要介绍研究较多的金属氧化物改性、杂原子掺杂及有机胺改性。

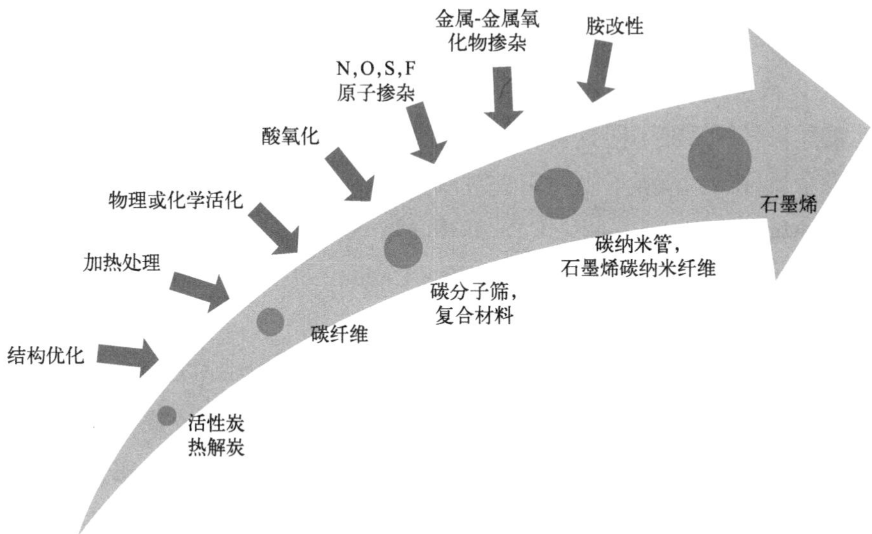

图 1-10　炭材料的分类及改性调控方法示意图[24]

（1）金属氧化物改性

在多孔炭材料表面添加金属氧化物，可通过增加比表面积、增加碳表面碱度、促进碳酸盐形成等来提高炭材料的 CO_2 吸附性能。金属氧化物改性炭材料可以通过将多孔炭与金属氧化物或氢氧化物进行混合煅烧得到，也可以通过金属氢氧化物前驱体对碳前驱体进行预处理，从而降低其生产成本[24,99]。

氧化镁存在于天然矿物中，成本低，可大量生产。在 200℃以下，MgO 化学吸附 CO_2 具有较高的选择性，与其他金属氧化物相比所需再生能量更低。Shahkarami 等[138] 报道了生物质炭经一步活化制备 MgO 浸渍活性炭的方法。在一步活化过程中，生物质炭被浸渍在 3%和 10%（质量分数）的镁盐溶液中，然后进行水蒸气活化。同时采用两步法制备活性炭作为对比，即先将生物质炭进行水蒸气活化得到生物炭，经湿法浸渍镁盐后再进行煅烧。通过评估金属含量、MgO 浸渍活性炭的孔隙率和表面化学性质研究活化法、浸渍法的影响。一步法制备 MgO 浸渍生物质炭 10MgO-B 具有更高的孔隙率，比表面积最大为 760m^2/g，在 25℃、CO_2 分压为 0.15bar 时的 CO_2 吸附量为 1.07mmol/g，略低于两步法制备氧化镁浸渍活性炭 10MgO-AC 的 CO_2 吸附量（1.11mmol/g）。Mg 含量从 3%增加到 10%（质量分数），比表面积变小，CO_2 吸附量增加，表明金属含量比孔隙率和比表面积的影响更大。此外，在 100℃时，浸渍镁活性炭的 CO_2 吸附量比未改性活性炭提高了 65%。Lahijani 等[139] 以核桃壳为原料，在 900℃热解制备具有较大比表面积和较高微孔隙率的生物质炭，然后经不同金属离子浸渍煅烧。研究表明，在生物质炭骨架中加入碱性金属位点，增强了生物质炭对酸性气体 CO_2 的吸附。不同金属的作用顺序为 Mg＞Al＞Fe＞Ni＞Ca，其中 Mg 改性生物质炭的 CO_2 吸附量为 1.86mmol/g，相比原生物质炭吸附量（1.65mmol/g）增加了 13.8%，主要归因于物理吸附和化学吸附的协同效应。

过渡金属具有酸性特征（电子受体），酸性气体 CO_2 会对过渡金属产生排斥力，而氧化镍却有碱性特征。Jang 等[140] 采用 300℃后氧化法将氧化镍引入活性炭上，研究了负载氧化镍活性炭的 CO_2 吸附行为。研究表明，随着氧化时间的增加，NiO/AC 样品的 CO_2 吸附性能增加。在 25℃时，CO_2 吸附量最大为 2.23mmol/g。因此，在碳表面修饰 NiO 作为电子供体，由于酸碱相互作用，可提高 CO_2 的吸附。Nowrouzi 等[141] 通过 H_3PO_4 活化制备生物质炭基活性炭，然后分别与 $Al(NO_3)_3 \cdot 9H_2O$、$Mg(NO_3)_2 \cdot 6H_2O$、$Cu(NO_3)_2 \cdot 3H_2O$、$Ni(NO_3)_2 \cdot 6H_2O$ 以质量比进行混合，经高温煅烧制备不同金属氧化物改性活性炭。研究表明，活性炭与上述金属（镁、铝、铜、镍）在适当的温度、惰性气氛下改性，除了形成金属氧化物，还伴随其他表面官能团，特别是含氧官能团，如羟基、羰基、羧基、吡喃酮内酯等。金属氧化物和含氧官能团的引入对提高炭材料 CO_2 吸附起着重要作用。活性炭与金属氧化物质量比为 1∶1 时，改性样品表现出较高的 CO_2 吸附量，而在较高或较低的质量比时，微孔堵塞对吸附的影响高于金属氧化物化学吸附的影响。其中氧化铜改性活性炭 HP5/Cu3-1 在 30℃的吸附量最高为 6.78mmol/g，相比未改性活性炭（3.02mmol/g），吸附量提高了 124.5%。

综上所述，采用金属氧化物改性炭材料的优点是，不仅可以增强化学吸附，还可以增加炭材料比表面积，在碳表面添加额外的官能团，使物理吸附增强。但金属氧化物与 CO_2 发生化学反应速率太慢，脱附温度高，使得吸附/再生能耗、成本增加，因而限制了其在烟气 CO_2 捕集领域的应用。

（2）杂原子掺杂

研究者将杂原子（如 N、O、F、S）掺杂到碳骨架中，增加碳表面与 CO_2 分子的结合力，同样可提高多孔炭的 CO_2 吸附性能。目前研究以氮掺杂改性居多，在吸附剂表面增加含氮官能团，可赋予多孔炭路易斯碱活性位点，有助于吸附酸性气体。制备氮掺杂多孔炭的方法包括引入富氮前驱体、使用含氮的活化剂以及在高温下与含氮化合物反应。表 1-5 列出了不同前驱体制备氮掺杂多孔炭的孔结构参数及 CO_2 吸附性能。氮掺杂多孔炭材料的孔结构易调，表现出优异的吸附性能，容易再生，循环吸附性能较好。

表 1-5 氮掺杂多孔炭的孔结构参数及 CO_2 吸附性能

样品	改性剂	比表面积 /(m^2/g)	孔体积 /(cm^3/g)	微孔体积 /(cm^3/g)	N 含量 /%	吸附条件（温度、CO_2 分压）	CO_2 吸附量 /(mmol/g)	选择性 (CO_2/N_2)	文献
GKOSN900	氨气	442	0.19	—	3.06	0℃、1bar	0.01	—	[146]
GN-650-1	尿素	1734	0.78	0.62	9.24	25℃、1bar	4.26	21.0	[142]
APCN-s	尿素	2147	0.94	0.73	1.33	25℃、1bar	4.30	8.4	[152]
APCN-a	三聚氰胺	2019	1.00	0.61	5.27	25℃、1bar	3.60	7.0	[152]
WSC-500-1	$NaNH_2$	1416	0.58	0.53	2.42	25℃、1bar	4.50	23.0	[145]
NPC-700	富氮聚合物	1852	0.96	0.70	1.72	0℃、1bar	7.1	71.0	[149]
Y-K-600	酿酒酵母	1348	0.67	0.62	5.36	25℃、1bar	4.77	—	[153]
PFS-800	丝绸	1272	0.65	0.38	1.75	25℃、1bar	4.62	—	[154]
PAN-PK	聚丙烯腈	2231	1.16	0.76	8.13	25℃、1bar	4.4	—	[155]
NPC-700-KOH	富氮聚合物	2616	1.37	1.14	0.88	0℃、1bar	5.45	14.2	[159]
NPC-700-$ZnCl_2$	富氮聚合物	1105	0.58	0.50	7.27	0℃、1bar	4.02	42.6	[159]
UFZ-700	脲醛树脂	337	0.73	0.08	26.27	30℃、1bar	1.30	—	[160]
PNC-2	聚苯胺	1030	0.66	—	4.30	0℃、1bar	4.89	21.7	[161]

浙江师范大学胡鑫教授课题组[142-144] 分别以椰壳、D-葡萄糖等生物质为原料，尿素为氮源，合成了一系列氮掺杂多孔炭材料，经 XPS 分析表明，掺杂的氮原子主要以吡啶氮（N-6）、吡咯氮（N-5）、季型氮（N-Q）的形式存在。通过调节制备条件，如尿素改性温度、活化温度等，可调控氮含量最高为 12.17%，在 25℃、纯 CO_2 气氛下的吸附量最高为 4.8mmol/g，在模拟烟气

(10% CO_2/90% N_2，体积分数）的动态吸附量最高为 1.1mmol/g，同时表现出良好的循环吸附稳定性。研究结果表明，氮掺杂多孔炭吸附 CO_2 是物理吸附，窄微孔体积是影响 CO_2 吸附的重要因素，氮含量次之，而氮掺杂可有效提高炭材料的 CO_2/N_2 吸附选择性。此外，该课题组以 $NaNH_2$ 为活化剂，在较低温度（400～500℃）通过一步活化法制备了氮掺杂多孔炭，降低了活化成本[145]。通过对吸附剂的孔结构、吸附性能表征得出结论，除了窄微孔体积和氮含量两个因素外，孔径分布也是影响氮掺杂多孔炭 CO_2 吸附性能的主要因素。

Plaza 等[146] 采用 NH_3 代替活化剂 CO_2，对橄榄石进行热处理，得到一种高效 CO_2 吸附剂。氮原子成功掺杂到碳骨架结构中，含氮官能团对 CO_2 吸附有促进作用。结果表明，800℃为最佳处理温度，吸附量和氮含量均达到最大值。25℃和 100℃的 CO_2 吸附量分别为 8.6%和 2.6%（质量分数），这些值与商业活性炭相近。与 CO_2 活化相比，氨气处理还有反应时间短、收率高的优势。在含 15%CO_2 混合气体中的吸附实验表明，在较低分压下，表面氮对 CO_2 吸附的影响更为明显。

以富含氮原子的高分子聚合物为前驱体，经活化后也可制备氮掺杂多孔炭材料。Singh 等[147] 以聚丙烯腈为前驱体，采用简单、经济的炭化和化学活化方法（$NaNH_2$、NaOH、K_2CO_3）制备了含氮、氧多孔炭吸附剂。KOH 活化得到多孔炭吸附剂（PAN-KOH）的表面积为 1890m^2/g，而 $NaNH_2$、NaOH 和 K_2CO_3 活化得到多孔炭的表面积分别为 833m^2/g、1020m^2/g 和 1250m^2/g。在 CO_2 浓度（体积分数）为 12.5%条件下，吸附剂 PAN-KOH 的吸附量最高为 1.2mmol/g，约为炭化 PAN 吸附量（0.32mmol/g）的 4 倍。也有研究者致力于设计合成富氮前驱体聚合物，以得到高性能氮掺杂多孔炭。大连理工大学陆安慧教授课题组[148] 在弱酸性条件下进行间苯二酚与甲醛的聚合反应，加入适量的三聚氰酸为催化剂、六亚甲基四胺（HMTA）作为交联剂，促进三维骨架的形成，最后经炭化得到块状氮掺杂多孔炭。比表面积高达 683m^2/g，在 0℃、1bar 时的 CO_2 平衡吸附量在 3.1～4.0mmol/g 范围内，25℃时的吸附量在 2.3～3.0mmol/g 范围内，同时表现出较高的 CO_2/N_2 选择性。Peng 等[149] 以邻苯二甲酸二甲酯和甲醛二甲基缩醛两种简单单体为原料进行聚合，再采用乙二胺对合成产物进行氨化反应，最后通过 600～800℃炭化，成功制备出不同 N 含量的氮掺杂多孔炭 NPCs。研究表明，氨化反应在后续炭化造孔中起到重要作用，与未经氨化反应的样品 rPC-700 相比，NPC-700 的比表面积和微孔体积分别提高了 39.9%、66.7%，在 0℃、1bar 时的 CO_2 吸附量提高了 73.2%，为 7.1mmol/g。

除了氮掺杂炭材料的优化制备，研究者对其 CO_2 吸附机理也进行了深入研究。Sun 等[150] 以煤为原料通过氨气一步活化法制备了氮掺杂多孔炭材料，其在标准状况下的吸附量为 3.71mmol/g，CO_2/N_2 的选择性为 22.83。另外，通过密度泛函理论计算与非共价相互作用分析结合的方法，阐述了色散作用在氮掺杂多孔炭材料吸附 CO_2 过程中起重要作用[151]。中国科学院山西煤炭化学研究所申文忠研究员课题组[152-156] 制备了一系列氮掺杂炭材料，如聚丙烯腈基碳纤维、酵母基多孔炭、氮掺杂沥青烯基多孔炭等，通过 CO_2 程序升温脱附（TPD）研究了其 CO_2 吸附机理。在 CO_2-TPD 曲线出现两个脱附峰，他们认为较低温度对应的脱附峰是物理吸附的 CO_2 分子，较高温度对应的脱附峰则归因于 CO_2 分子与含氮官能团微弱的化学相互作用。关于氮掺杂多孔炭材料孔径与吸附量的关系，Shao 等[118] 认为标准状况（0℃、1bar）下的 CO_2 吸附量与小于 0.8nm 的超微孔体积呈线性相关（$R^2=0.9737$），而 Serafin 等[157] 则认为介于 0.30～0.86nm 的微孔有利于标准状况下的 CO_2 吸附（$R^2=0.99$），孔径介于 0.30～0.33nm 有利于室温下的 CO_2 吸附（$R^2=0.68$）。Luo 等[158] 对比了 CO_2 吸附量与三种不同孔径范围（<0.5nm、<0.7nm、<1.0nm）的孔体积关系。结果表明，标准状况下的吸附量与小于 1.0nm 的孔体积有最高的线性关系（$R^2=0.91$）。不同炭材料因孔道结构差异，孔径与吸附量的关系也有所不同。

（3）胺功能化改性

为实现烟气中 CO_2 的高选择性吸附，在固体吸附剂中引入有机胺溶剂，以嫁接或浸渍的方法制备固体胺吸附剂[162,163] 也是广泛采用的方法。类似于胺溶液吸收 CO_2，固体胺吸附剂的氨基可以与 CO_2 反应，并通过两性离子中间体生成氨基甲酸酯。嫁接法是利用有机胺一端官能团与载体表面发生化学反应，从而将胺分子固定到载体孔道内，该方法制备固体胺吸附剂吸附速率快、稳定性好、氨基活性位点分散度高、利用率高。浸渍法是通过有机胺分子与载体表面的偶极或氢键相互作用，将胺固定到载体孔道内，该方法操作简单、活性位点氨基密度高、CO_2 吸附量大。研究者为了提高炭材料对 CO_2 的选择性吸附，在有机胺改性方面做了大量工作。有机胺改性会堵塞部分孔道，使多孔炭材料的比表面积和孔体积降低，因此胺改性多孔炭的吸附量与有机胺种类、孔结构有关。表 1-6 列出了常用有机胺改性剂的结构式。

表 1-6　常用有机胺改性剂及化学式

名称	英文及缩写	化学式
单乙醇胺	monoethanolamine(MEA)	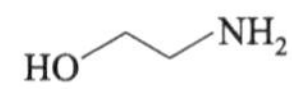
二乙醇胺	diethanolamine(DEA)	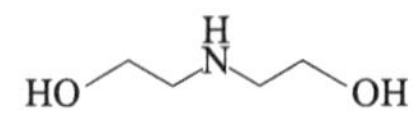
甲基二乙醇胺	methyldiethanolamine(MDEA)	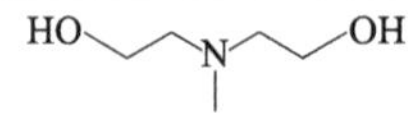
乙二胺	ethylenediamine(EDA)	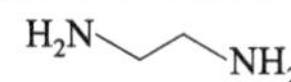
二亚乙基三胺	diethylenetriamine(DETA)	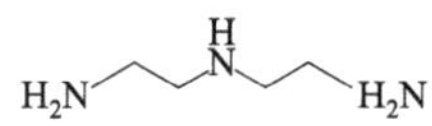
三亚乙基四胺	triethylenetetramine(TETA)	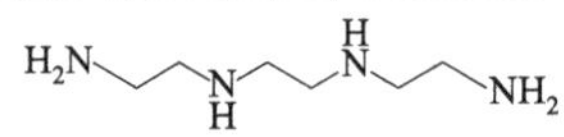
四亚乙基五胺	tetrethylenepentamine(TEPA)	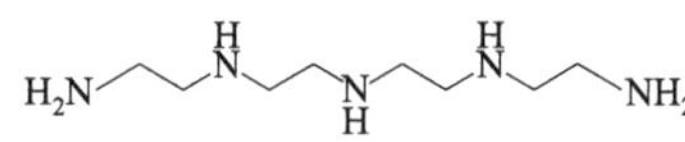
五亚乙基六胺	pentethylenehexamine(PEHA)	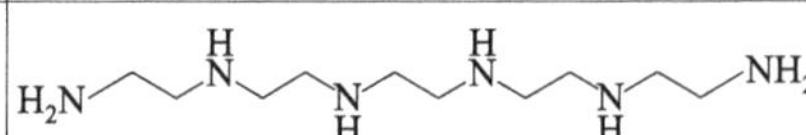
聚亚乙基亚胺	polyethyleneimine(PEI)	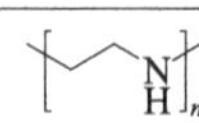
2-氨基-2-甲基-1-丙醇	2-amino-2-methyl-1-propanol (AMP)	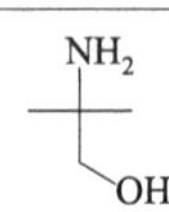
2-氨基-2-甲基-1,3-丙二醇	2-amino-2-methyl-1,3-propandiol (AMPD)	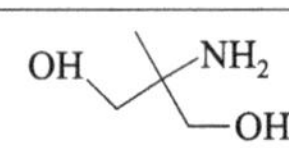
(3-氨丙基)三甲氧基硅烷	3-aminopropyltrime-thoxysilane (APTS)	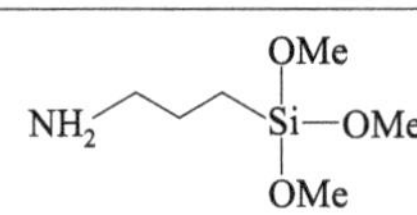
(3-氨丙基)三乙氧基硅烷	3-aminopropyltrieth-oxysilane (APTES)	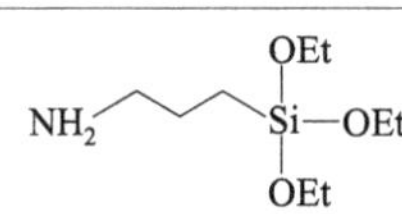

美国密西比大学陈惟寅教授课题组[164-166] 开发了新型生物质炭活化技术，采用低频超声对生物质炭进行物理改性，原因是低频超声处理可剥离生物

质炭的石墨团簇，形成新的微孔结构，同时打通堵塞的微孔，提高功能化效率。然后经偶联剂［N-3-(二甲氨基)丙基 N'-乙基碳二胺盐酸盐(EDC)-羟基苯并三唑(HOBt)］或活化剂（KOH）活化后，用单胺及其混合物进行化学功能化改性。该课题组研究了不同胺改性超声活化生物质炭的 CO_2 吸附性能，所用胺分别为：单胺，单乙醇胺（MEA）、哌嗪（PZ）、二乙醇胺（DEA）、四亚乙基五胺（TEPA）、聚亚乙基亚胺（PEI），混合胺，MEA-TEPA、DEA-TEPA、DEA-PEI、TEPA-PEI、DEA-TEPA-PEI。结果表明，生物质炭经超声处理 30s，化学改性产物 EDC-HOBt-TEPA-MEA 和 KOH-MEA 在 0.1bar 时的 CO_2 吸附量分别为 1.91mmol/g 和 1.62mmol/g。相对原料生物质炭（0.3mmol/g），吸附量分别提高了 5.36 和 4.4 倍。

浙江大学施耀教授课题组[167-170] 以内径为 5～15nm 的工业级多壁碳纳米管为载体，对比了 TEPA 与 PEI 改性对 CO_2 吸附性能的影响，TEPA 负载量为 50％时的 CO_2 吸附量最高，为 3.09mmol/g，PEI 负载量为 40％时的 CO_2 吸附量最高为 2.54mmol/g。然后以具有较高 CO_2 吸附量的 IG-MWCNT-50TEPA 为研究对象，进行 CO_2 吸脱附动力学研究，并考察了烟气杂质气体对其吸附性能的影响。研究结果表明，CO_2 吸附行为复合 Avrami fractional-order 动力学模型，真空变温吸附再生是最佳的再生方式，脱附温度高于 100℃时才能实现完全再生；不同浓度的杂质气体 H_2O 和 NO 对 IG-MWCNT-50TEPA 的 CO_2 吸附量影响较小，而 SO_2 易与 TEPA 发生反应，占据氨基活性位点，使 CO_2 吸附量降低。

研究发现较高胺负载量可实现较高的 CO_2 吸附量，而高孔体积的介孔结构是实现高负载量的必要条件。Guo 等[171] 以活性炭为载体，负载 PEI 作为 CO_2 吸附剂，由于活性炭的孔体积较小，仅有 0.17cm^3/g，平均孔径较小为 2.76nm，CO_2 吸附量仅有 1.3mmol/g。有机胺改性活性炭的吸附性能普遍偏低，主要是因为孔体积较小，胺负载量低，同时微孔易被胺堵塞，造成孔隙减少，胺利用率低。Peng 等[172] 也制备了超高孔体积的介孔炭，孔体积高达 3.04cm^3/g，平均孔径为 18.4nm，PEHA 负载量最高为 3.9g，CO_2 吸附量高达 3.72mmol/g，但经 10 次循环后，吸附率下降 16％。

通过对多孔炭表面进行氧化预处理，一方面可增加碳表面含氧官能团，增强浸渍胺的稳定性；另一方面由于羧基的存在，也可根据酰胺化反应将有机胺嫁接到碳表面。图 1-11 列举了碳纤维的硝酸氧化和 TEPA 接枝原理。Chai 等[173] 通过 HNO_3/H_2SO_4 对介孔炭表面进行羧基化处理，然后嫁接乙二胺，

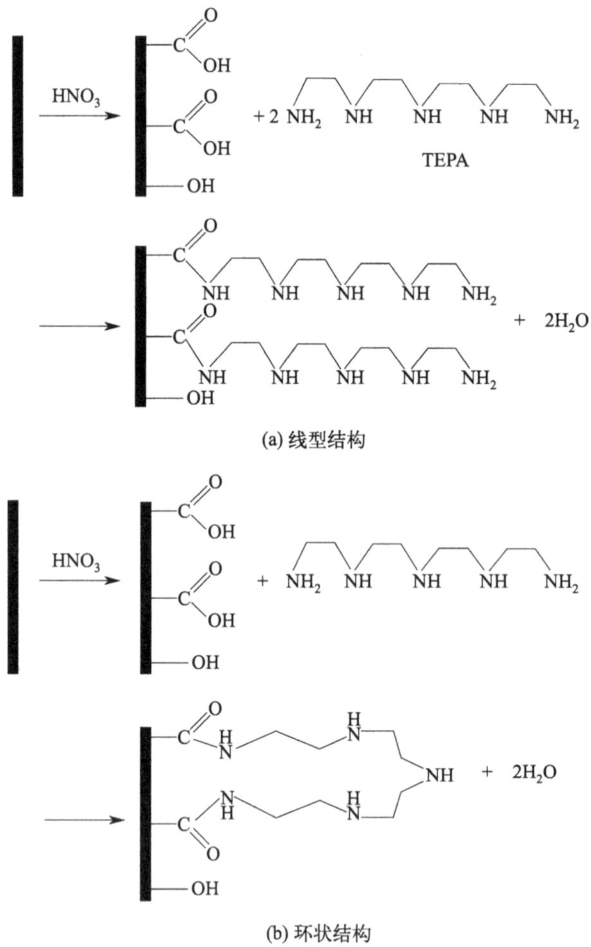

图 1-11　碳纤维的硝酸氧化和 TEPA 接枝原理图[24]

由于孔体积受限，胺嫁接量较少，使得 CO_2 吸附量偏低，仅有 0.75mmol/g。Lee 等[125] 采用相同的方法对多壁碳纳米管进行羧基化预处理，然后负载 PEI 作为 CO_2 吸附剂。表面羧基官能团的增加，使 MWCNT/PEI 在 10 次吸附循环过程中保持稳定的吸附性能。

综上所述，有机胺改性活性炭吸附 CO_2 的选择性提高，但受孔体积、孔径的限制，有机胺负载量较低，使得 CO_2 吸附量偏低。有机胺改性介孔炭、碳纳米管具有较高的 CO_2 吸附量，主要归因于高胺负载量，但其循环吸附稳定性差。

1.4.6 固体胺吸附剂的研究进展

除炭材料外，分子筛因均一的孔道结构常用作固体胺吸附剂载体。研究者通过优化改性方法或有机胺的组合来提高其 CO_2 吸附性能。

单胺改性分子筛是将有机胺直接浸渍或者嫁接到分子筛上，其吸附速率较快，升温可实现 CO_2 脱附。

Ahmed 等[174] 制备了以 Si-MCM-41 为载体、浸渍 10%～50%（质量分数）TEPA 的吸附剂，测试在不同条件下的 CO_2 吸附性能。当 TEPA 负载量为 50%时，CO_2 吸附容量最高。此外，50%(质量分数）的 TEPA-Si-MCM-41 在 75℃下的 CO_2 吸附量为 70.41mg/g。表明该材料在烟气 CO_2 捕集方面的巨大潜力。

Zhang 等[70] 以 SBA-15(p) 为载体，采用 TEPA 浸渍制备了含有不同胺浓度的 SBA-15(p)-xTEPA 吸附剂。通过各种物理结构表征手段，探究了 TEPA 浸渍 SBA-15(p) 后 CO_2 的吸附性能。在无水模拟烟气、75℃、进气量为 60mL/min 条件下，SBA-15（P)-60% TEPA 的最大饱和吸附量达到 5.39mmol/g。SBA-15(P)-60%TEPA 的穿透时间长，吸附容量和胺效率较高。经过 9 次吸附-解吸循环后，SBA-15(P)-60%TEPA 对 CO_2 的吸附量维持在 5.0mmol/g 左右。

为了提高吸附剂热稳定性。Liu 等[175] 选择易修饰 KIT-6 的介孔分子筛作为载体，并进行 TEPA 浸渍作为 CO_2 吸附剂。在 59℃条件下，TEPA 的负载量 50%时，动态吸附量最高为 2.9mmol/g。根据吸附剂的再生性能，得到吸附剂适宜的解吸温度为 100℃。经过 40 次吸附-解吸循环，动态吸附量略有下降（约 5%）。TEPA 改性 KIT-6 表现出良好的 CO_2 吸附-解吸性能。

固体胺吸附剂制备中常以 PEI 和 TEPA 作为改性剂，采用 PEI 改性所制备的吸附剂黏度高，分散性差，CO_2 的吸附能力低。采用 TEPA 改性所制备的吸附剂，其 CO_2 的吸附量比较高，但存在浸出损失等问题。且胺分散性是影响固体胺吸附剂性能的重要因素。减少缓解胺的团聚现象，增加胺的分散性，方可实现 CO_2 的高效捕集。研究者将浸渍法和嫁接法这两种方法结合起来，选用混合胺改性分子筛，引入大量氨基的同时保持较高利用率。混合胺改性吸附剂整合了两种方法的优点。嫁接-浸渍法制备的吸附剂氨基负载量高，分散性好，使得胺效率提高。同时混合胺改性吸附剂的工作温度范围变宽，更有利于烟气中碳的捕集。

Zhao 等[176] 以介孔二氧化硅分子筛为载体，先嫁接 APTES（3-氨基丙基三乙氧基硅烷），后浸渍 TEPA（四乙烯五胺）合成了新型双功能化的固体胺吸附剂。结果表明，经 70%TEPA 改性的 SBA-15(p)-AP-70T 在 75℃时 N 含量最大（15.81mmol/g），饱和吸附容量可达 5.69mmol/g。另外，经过 15 次吸附-解吸循环后，该吸附剂对 CO_2 的吸附量仍保持在 5.2mmol/g 左右。

Wang 等[67] 通过两步法开发了一种可再生 APTS 和 TEPA 功能化的 MCM-41 吸附剂。研究得出，MCM-41-APTS30%-TEPA40%的饱和吸附量为 3.45mmol/g，显著高于 MCM-41-TEPA60%，且在模拟烟气内 10 次循环后，吸附性能仅下降了 3.48%。因此胺功能化吸附剂被证明是从烟气中高效捕获 CO_2 最有前景的吸附剂。

参考文献

[1] Global warming of 1.5℃: An IPCC special report on the impacts of global warming of 1.5℃ above pre-industrial level and related global greenhouse gas emission pathways in the context of strengththening the global response to the threat of climate change, sustainable development, and efforts to eradicate poverty [R]. Intergovernmental Panel on Climate Change, 2018.

[2] Burke M, Davis W M, Diffenbaugh N S. Large potential reduction in economic damages under UN mitigation targets [J]. Nature, 2018, 557 (7706): 549-553.

[3] WMO greenhouse gas bulletin [R]. World Meteorological Organization, 2024.

[4] Global renewables outlook: Energy transformation 2050 [R]. International Renewable Energy Agency, 2020.

[5] CO_2 emissions in 2023 [R]. International Energy Agency, 2024.

[6] Global carbon budget 2024 [R]. World Resources Institute, 2024.

[7] Krutka H, Sjostrom S, Starns T, et al. Post-combustion CO_2 capture using solid sorbents: 1 MWe pilot evaluation [J]. Energy Procedia, 2013, 37: 73-88.

[8] Ahmad M Z, Hashim H, Mustaffa A A, et al. Design of energy efficient reactive solvents for post combustion CO_2 capture using computer aided approach [J]. Journal of Cleaner Production, 2018, 176: 704-715.

[9] Mondal M K, Balsora H K, Varshney P. Progress and trends in CO_2 capture/separation technologies: A review [J]. Energy, 2012, 46 (1): 431-441.

[10] Theo W L, Lim J S, Hashim H, et al. Review of pre-combustion capture and ionic liquid in carbon capture and storage [J]. Applied Energy, 2016, 183: 1633-1663.

[11] Nemitallah M A, Habib M A, Badr H M, et al. Oxy-fuel combustion technology: current status, applications, and trends [J]. International Journal of Energy Research, 2017, 41 (12):

1670-1708.

[12] Kronberger B, Lyngfelt A, Löffler G, et al. Design and fluid dynamic analysis of a bench-scale combustion system with CO_2 separation-chemical-looping combustion [J]. Industrial & Engineering Chemistry Research, 2005, 44 (3): 546-556.

[13] 吴志强，张博，杨伯伦．生物质化学链转化技术研究进展 [J]．化工学报，2019，70 (08)：2835-2853.

[14] Al-Janabi N, Hill P, Torrente-Murciano L, et al. Mapping the Cu-BTC metal-organic framework (HKUST-1) stability envelope in the presence of water vapour for CO_2 adsorption from flue gases [J]. Chemical Engineering Journal, 2015, 281: 669-677.

[15] Ho M T, Allinson G W, Wiley D E. Reducing the cost of CO_2 capture from flue gases using pressure swing adsorption [J]. Industrial & Engineering Chemistry Research, 2008, 47 (14): 4883-4890.

[16] Wang M, Yao L W, Wang J T, et al. Adsorption and regeneration study of polyethylenimine- impregnated millimeter-sized mesoporous carbon spheres for post-combustion CO_2 capture [J]. Applied Energy, 2016, 168: 282-290.

[17] Yamada H, Chowdhury F A, Fujiki J, et al. Enhancement mechanism of the CO_2 adsorption- desorption efficiency of silica-supported tetraethylenepentamine by chemical modification of amino groups [J]. ACS Sustainable Chemistry & Engineering, 2019, 7 (10): 9574-9581.

[18] 孙亚伟，谢美连，刘庆岭，等．膜法分离燃煤电厂烟气中 CO_2 的研究现状及进展 [J]．化工进展，2017，36 (05)：1880-1889.

[19] Lee S, Park S. A review on solid adsorbents for carbon dioxide capture [J]. Journal of Industrial and Engineering Chemistry, 2015, 23: 1-11.

[20] Wang T, Liu F, Ge K, et al. Reaction kinetics of carbon dioxide absorption in aqueous solutions of piperazine, N- (2-aminoethyl) ethanolamine and their blends [J]. Chemical Engineering Journal, 2017, 314: 123-131.

[21] De Riva J, Suarez-Reyes J, Moreno D, et al. Ionic liquids for post-combustion CO_2 capture by physical absorption: Thermodynamic, kinetic and process analysis [J]. International Journal of Greenhouse Gas Control, 2017, 61: 61-70.

[22] Arias A M, Mores P L, Scenna N J, et al. Optimal design and sensitivity analysis of post-combustion CO_2 capture process by chemical absorption with amines [J]. Journal of Cleaner Production, 2016, 115: 315-331.

[23] Vega F, Baena-Moreno F M, Fernández L M G, et al. Current status of CO_2 chemical absorption research applied to CCS: Towards full deployment at industrial scale [J]. Applied Energy, 2020, 260: 114313.

[24] Chiang Y, Juang R. Surface modifications of carbonaceous materials for carbon dioxide adsorption: A review [J]. Journal of the Taiwan Institute of Chemical Engineers, 2017, 71: 214-234.

[25] 刘飞．胺基两相吸收剂捕集二氧化碳机理研究 [D]．杭州：浙江大学，2020.

[26] Han Y, Zhang Z E. Nanostructured membrane materials for CO_2 capture: A critical review [J]. Journal of Nanoscience and Nanotechnology, 2019, 19 (6): 3173-3179.

[27] 廉玉姣，王永洪，张新儒，等．N_2 优先渗透 ZIF-8 复合膜的制备及其 CO_2 捕集 [J]．化工学

报，2019，70 (09)：3573-3581.

[28] Keller L, Ohs B, Abduly L, et al. Carbon nanotube silica composite hollow fibers impregnated with polyethylenimine for CO_2 capture [J]. Chemical Engineering Journal, 2019, 359: 476-484.

[29] 江南，刘冰，唐忠利，等. 真空变温吸附捕集干烟道气中 CO_2 的模拟研究 [J]. 化工学报，2019：1-14.

[30] Bonaventura D, Chatartegui R, Valverde J M. Dry carbonate process for CO_2 capture and storage-Integration with solar thermal power [J]. Renewable & Sustainable Energy Reviews, 2018, 82: 1796-1812.

[31] Pröll T, Schöny G, Sprachmann G, et al. Introduction and evaluation of a double loop staged fluidized bed system for post-combustion CO_2 capture using solid sorbents in a continuous temperature swing adsorption process [J]. Chemical Engineering Science, 2016, 141: 166-174.

[32] Joss L, Gazzani M, Mazzotti M. Rational design of temperature swing adsorption cycles for post-combustion CO_2 capture [J]. Chemical Engineering Science, 2017, 158: 381-394.

[33] 高俊，胡辉，刘雪岩. 改性蓝藻基活性炭的制备及常压下对 CO_2 的捕集性能 [J]. 高等学校化学学报，2018 (02)：284-291.

[34] Lee K B, Beaver M G, Caram H S, et al. Chemisorption of carbon dioxide on sodium oxide promoted alumina [J]. Aiche Journal, 2007, 53 (11): 2824-2831.

[35] Lee K B, Beaver M G, Caram H S, et al. Performance of Na_2O promoted alumina as CO_2 chemisorbent in sorption-enhanced reaction process for simultaneous production of fuel-cell grade H_2 and compressed CO_2 from synthesis gas [J]. Journal of Power Sources, 2008, 176 (1): 312-319.

[36] Duan Y H, Sorescu D C. Density functional theory studies of the structural, electronic, and phonon properties of Li_2O and Li_2CO_3: Application to CO_2 capture reaction [J]. Physical Review, 2009, 79 (1). 10.1103/PhysRevB.79.014301.

[37] Mosqueda H A, Vazquez C, Bosch P, et al. Chemical sorption of carbon dioxide (CO_2) on lithium oxide (Li_2O) [J]. Chemistry of Materials, 2006, 18 (9): 2307-2310.

[38] Seggiani M, Stefanelli E, Puccini M, et al. CO_2 sorption/desorption performance study on K_2CO_3-doped Li_4SiO_4-based pellets [J]. Chemical Engineering Journal, 2018, 339: 51-60.

[39] López Ortiz A, Escobedo Bretado M A, Guzmán Velderrain V, et al. Experimental and modeling kinetic study of the CO_2 absorption by Li_4SiO_4 [J]. International Journal of Hydrogen Energy, 2014, 39 (29): 16656-16666.

[40] Chi C Y, Li Y J, Ma X T, et al. CO_2 capture performance of CaO modified with by-product of biodiesel at calcium looping conditions [J]. Chemical Engineering Journal, 2017, 326: 378-388.

[41] Yanase I, Maeda T, Kobayashi H. The effect of addition of a large amount of CeO_2 on the CO_2 adsorption properties of CaO powder [J]. Chemical Engineering Journal, 2017, 327: 548-554.

[42] Bhagiyalakshmi M, Lee J Y, Jang H T. Synthesis of mesoporous magnesium oxide: Its application to CO_2 chemisorption [J]. International Journal of Greenhouse Gas Control, 2010, 4 (1): 51-56.

[43] Hanif A, Dasgupta S, Nanoti A. Facile synthesis of high-surface-area mesoporous MgO with excellent high-temperature CO_2 adsorption potential [J]. Industrial & Engineering Chemistry Re-

search, 2016, 55 (29): 8070-8078.

[44] Ding J, Yu C, Lu J F, et al. Enhanced CO_2 adsorption of MgO with alkali metal nitrates and carbonates [J] . Applied Energy, 2020, 263. 10. 1016/j. apenergy. 2020. 114681

[45] Gao W L, Zhou T T, Gao Y S, et al. Molten salts-modified MgO-based adsorbents for intermediate-temperature CO_2 capture: A review [J] . Journal of Energy Chemistry, 2017, 26 (5): 830-838.

[46] Harada T, Simeon F, Hamad E Z, et al. Alkali metal nitrate-promoted high-capacity MgO adsorbents for regenerable CO_2 capture at moderate temperatures [J] . Chemistry of Materials, 2015, 27 (6): 1943-1949.

[47] Qin C L, Liu W Q, An H, et al. Fabrication of CaO-based sorbents for CO_2 capture by a mixing method [J] . Environmental Science & Technology, 2012, 46 (3): 1932-1939.

[48] Liu W Q, An H, Qin C L, et al. Performance enhancement of calcium oxide sorbents for cyclic CO_2 capture-A review [J] . Energy & Fuels, 2011, 26 (5): 2751-2767.

[49] Xue G X, Huang X, Zhao N, et al. Hollow Al_2O_3 spheres prepared by a simple and tunable hydrothermal method [J] . RSC Advances, 2015, 5 (18): 13385-13391.

[50] Feist B J, Hill J M. CO_2 and H_2S adsorption on γ-Al_2O_3-supported lanthanum oxide [J] . Energy & Fuels, 2015, 29 (9): 6049-6056.

[51] Cai W Q, Hu J G, Wang W G, et al. Template-free synthesis of hierarchicalγ-Al_2O_3 nanostructures and their adsorption affinity toward phenol and CO_2 [J] . RSC Advances, 2015, 5: 7066-7073.

[52] Hasan M M F, Baliban R C, Elia J A, et al. Modeling, simulation, and optimization of post-combustion CO_2 capture for variable feed concentration and flow rate. 2. pressure swing adsorption and vacuum swing adsorption processes [J] . Industrial & Engineering Chemistry Research, 2012, 51 (48): 15665-15682.

[53] Kongnoo A, Tontisirin S, Worathanakul P, et al. Surface characteristics and CO_2 adsorption capacities of acid-activated zeolite 13X prepared from palm oil mill fly ash [J] . Fuel, 2017, 193: 385-394.

[54] Jadhav P D, Chatti R V, Biniwale R B, et al. Monoethanol amine modified zeolite 13X for CO_2 adsorption at different temperatures [J] . Energy & Fuels, 2007, 21 (6): 3555-3559.

[55] Rao N, Wang M, Shang Z M, et al. CO_2 adsorption by amine-functionalized MCM-41: A comparison between impregnation and grafting modification methods [J] . Energy & Fuels, 2018, 32 (1): 670-677.

[56] Loganathan S, Ghoshal A K. Amine tethered pore-expanded MCM-41: A promising adsorbent for CO_2 capture [J] . Chemical Engineering Journal, 2017, 308: 827-839.

[57] Chanapattharapol K C, Krachuamram S, Youngme S. Study of CO_2 adsorption on iron oxide doped MCM-41 [J] . Microporous and Mesoporous Materials, 2017, 245: 8-15.

[58] Qian X C, Yang J H, Fei Z Y, et al. A simple strategy to improve PEI dispersion on MCM-48 with long-alkyl chains template for efficient CO_2 adsorption [J] . Industrial & Engineering Chemistry Research, 2019, 58 (25): 10975-10983.

[59] Jang H T, Park Y, Ko Y S, et al. Highly siliceous MCM-48 from rice husk ash for CO_2 adsorp-

tion [J] . International Journal of Greenhouse Gas Control, 2009, 3 (5): 545-549.

[60] Kim S, Ida J, Guliants V V, et al. Tailoring pore properties of MCM-48 silica for selective adsorption of CO_2 [J] . The Journal of Physical Chemistry B, 2005, 109 (13): 6287-6293.

[61] Wang X X, Ma X L, Song C S, et al. Molecular basket sorbents polyethylenimine SBA-15 for CO_2 capture from flue gas: Characterization and sorption properties [J] . Microporous and Mesoporous Materials, 2013, 169: 103-111.

[62] Peng J, Iruretagoyena D, Chadwick D. Hydrotalcite/SBA-15 composites for pre-combustion CO_2 capture: CO_2 adsorption characteristics [J] . Journal of CO_2 Utilization, 2018, 24: 73-80.

[63] Liu Y M, Lin X Y, Wu X H, et al. Pentaethylenehexamine loaded SBA-16 for CO_2 capture from simulated flue gas [J] . Powder Technology, 2017, 318: 186-192.

[64] Wu X H, Liu M Y, Shi R H, et al. CO_2 adsorption/regeneration kinetics and regeneration properties of amine functionalized SBA-16 [J] . Journal of Porous Materials, 2018, 25 (4): 1219-1227.

[65] Zhang Z Z, Wang H, Chen X Q, et al. CO_2 sorption in wet ordered mesoporous silica kit-6: effects of water content and mechanism on enhanced sorption capacity [J] . Adsorption, 2014, 20 (7): 883-888.

[66] Liu Y M, Yu X J. Carbon dioxide adsorption properties and adsorption/desorption kinetics of amine-functionalized KIT-6 [J] . Applied Energy, 2018, 211: 1080-1088.

[67] Wang X, Chen L L, Guo Q J. Development of hybrid amine-functionalized MCM-41 sorbents for CO_2 capture [J] . Chemical Engineering Journal, 2015, 260: 573-581.

[68] Wang X, Guo Q J, Zhao J, et al. Mixed amine-modified MCM-41 sorbents for CO_2 capture [J] . International Journal of Greenhouse Gas Control, 2015, 37: 90-98.

[69] Wang X, Guo Q J, Kong T T. Tetraethylenepentamine-modified MCM-41/silica gel with hierarchical mesoporous structure for CO_2 capture [J] . Chemical Engineering Journal, 2015, 273: 472-480.

[70] Zhang G J, Zhao P Y, Hao L X, et al. Amine-modified SBA-15 (P): A promising adsorbent for CO_2 capture [J] . Journal of CO_2 Utilization, 2018, 24: 22-33.

[71] Zhang G J, Zhao P Y, Hao L X, et al. A novel amine double functionalized adsorbent for carbon dioxide capture using original mesoporous silica molecular sieves as support [J] . Separation and Purification Technology, 2019, 209: 516-527.

[72] Wang Y, LeVan M D. Adsorption equilibrium of carbon dioxide and water vapor on zeolites 5A and 13X and silica gel: pure components [J] . Journal of Chemical & Engineering Data, 2009, 54 (10): 2839-2844.

[73] Jung H, Lee C H, Jeon S, et al. Effect of amine double-functionalization on CO_2 adsorption behaviors of silica gel-supported adsorbents [J] . Adsorption. 2016, 22 (8): 1137-1146.

[74] 陈琳琳，王霞，郭庆杰．四乙烯五胺修饰介孔硅胶吸附 CO_2 性能的研究 [J] ．燃料化学学报，2015, (01): 108-115.

[75] Jung H, Jeon S, Jo D H, et al. Effect of crosslinking on the CO_2 adsorption of polyethyleneimine-impregnated sorbents [J] . Chemical Engineering Journal, 2017, 307: 836-844.

[76] Zhang L H, Zhan N, Jin Q, et al. Impregnation of polyethylenimine in mesoporous multilamellar

silica vesicles for CO_2 capture: A kinetic study [J] . Industrial & Engineering Chemistry Research, 2016, 55 (20): 5885-5891.

[77] Chen C, Yang S T, Ahn W S, et al. Amine-impregnated silica monolith with a hierarchical pore structure: enhancement of CO_2 capture capacity [J] . Chemical Communications, 2009, (24): 3627-3629.

[78] Sayari A, Heydari-Gorji A, Yang Y. CO_2-induced degradation of amine-containing adsorbents: reaction products and pathways [J] . Journal of the American Chemical Society, 2012, 134 (33): 13834-13842.

[79] Celedonio J M, Park J H, Ko Y S. FT-IR study on CO_2 adsorbed species of CO_2 sorbents [J] . Research on Chemical Intermediates, 2016, 42 (1): 141-154.

[80] Wurzbacher J A, Gebald C, Steinfeld A. Separation of CO_2 from air by temperature-vacuum swing adsorption using diamine-functionalized silica gel [J] . Energy & Environmental Science, 2011, 4 (9): 3584- 3592.

[81] Qasem N A A, Qadir N U, Ben-Mansour R, et al. Synthesis, characterization, and CO_2 breakthrough adsorption of a novel MWCNT/MIL-101 (Cr) composite [J] . Journal of CO_2 Utilization, 2017, 22: 238-249.

[82] Benoit V, Chanut N, Pillai, R S, et al. A promising metal-organic framework (MOF), MIL-96 (Al), for CO_2 separation under humid conditions [J] . Journal of Materials Chemistry A, 2018, 6 (5): 2081-2090.

[83] Bhatt P M, Belmabkhout Y, Cadiau A, et al. A fine-tuned fluorinated MOF addresses the needs for trace CO_2 removal and air capture using physisorption [J] . Journal of the American Chemical Society, 2016, 138 (29): 9301-9307.

[84] Millward A R, Yaghi O M. Metal-organic frameworks with exceptionally high capacity for storage of carbon dioxide at room temperature [J] . Journal of the American Chemical Society, 2005, 127 (51): 17998-17999.

[85] Sumida K, Rogow D L, Mason J A, et al. Carbon dioxide capture in metal-organic frameworks [J] . Chemical Reviews, 2011, 112 (2): 724-781.

[86] Liu J, Wei Y. J, Zhao Y L. Trace carbon dioxide capture by metal-organic frameworks [J] . ACS Sustainable Chemistry & Engineering, 2018, 7 (1): 82-93.

[87] Ghanbari T, Abnisa F, Daud W M A. A review on production of metal organic frameworks (MOF) for CO_2 adsorption [J] . Science of The Total Environment, 2020, 707. 10. 1016/j. scitotenv. 2019. 135090

[88] Bao Z B, Yu L, Ren Q L, et al. Adsorption of CO_2 and CH_4 on a magnesium-based metal organic framework [J] . Journal of Colloid and Interface Science, 2011, 353 (2): 549-556.

[89] Caskey S R, Wong-Foy A G, Matzger A J. Dramatic tuning of carbon dioxide uptake via metal substitution in a coordination polymer with cylindrical pores [J] . Journal of the American Chemical Society, 2008, 130 (33): 10870-10871.

[90] Shin S, Yoo D K, Bae Y, et al. Polyvinylamine-loaded metal-organic framework MIL-101 for effective and selective CO_2 adsorption under atmospheric or lower pressure [J] . Chemical Engineering Journal, 2020, 389. 10. 1016/j. cej. 2019. 123429

[91] Zhang H, Yang L M, Ganz E. Adsorption properties and microscopic mechanism of CO_2 capture in 1, 1-dimethyl-1, 2-ethylenediamine-grafted metal-organic frameworks [J] . ACS Applied Materials & Interfaces, 2020, 12 (16): 18533-18540.

[92] Yaumi A L, Bakar M Z A, Hameed B H. Recent advances in functionalized composite solid materials for carbon dioxide capture [J] . Energy, 2017, 124: 461-480.

[93] 肖南，邱介山．煤沥青基功能碳材料的研究现状及前景 [J] ．化工进展，2016，35 (06): 1804-1811.

[94] Rashidi N A, Yusup S. An overview of activated carbons utilization for the post-combustion carbon dioxide capture [J] . Journal of CO_2 Utilization, 2016, 13: 1-16.

[95] 陈敏玲，王兴杰，肖静，等．淀粉基多孔炭材料的制备及其吸附 CO_2/CH_4 性能 [J] ．化工学报，2018，(01): 455-463.

[96] Wang Y X, Hu X D, Hao J, et al. Nitrogen and oxygen codoped porous carbon with superior CO_2 adsorption performance: A combined experimental and DFT calculation study [J] . Industrial & Engineering Chemistry Research, 2019, 58 (29): 13390-13400.

[97] Brewer C E, Schmidt-Rohr K, Satrio J A, et al. Characterization of biochar from fast pyrolysis and gasification systems [J] . Environmental Progress & Sustainable Energy, 2009, 28 (3): 386-396.

[98] Bird M I, Ascough P L. Isotopes in pyrogenic carbon: A review [J] . Organic Geochemistry, 2012, 42 (12): 1529-1539.

[99] Creamer A E, Gao B. Carbon-based adsorbents for postcombustion CO_2 capture: A critical review [J] . Environmental Science & Technology, 2016, 50 (14): 7276-7289.

[100] Kim Y, Oh J, Vithanage M, et al. Modification of biochar properties using CO_2 [J] . Chemical Engineering Journal, 2019, 372: 383-389.

[101] Ramasamy S, Sripada P P, Khan M M, et al. Adsorption behavior of CO_2 in coal and coal char [J] . Energy & Fuels, 2014, 28 (8): 5241-5251.

[102] Liu D D, Gao J H, Cao Q X, et al. Improvement of activated carbon from Jixi bituminous coal by air preoxidation [J] . Energy & Fuels, 2017, 31 (2): 1406-1415.

[103] Komarova E, Guhl S, Meyer B. Brown coal char CO_2-gasification kinetics with respect to the char structure. Part I: Char structure development [J] . Fuel, 2015, 152: 38-47.

[104] Huang Y F, Chiueh P T, Kuan W H, et al. Microwave pyrolysis of rice straw: Products, mechanism, and kinetics [J] . Bioresource Technology, 2013, 142: 620-624.

[105] Huang Y F, Chiueh P T, Shih C H, et al. Microwave pyrolysis of rice straw to produce biochar as an adsorbent for CO_2 capture [J] . Energy, 2015, 84: 75-82.

[106] Hao W M, Björkman E, Lilliestråle M, et al. Activated carbons prepared from hydrothermally carbonized waste biomass used as adsorbents for CO_2 [J] . Applied Energy, 2013, 112: 526-532.

[107] Martín-Jimeno F J, Suárez-García F, Paredes J I, et al. Activated carbon xerogels with a cellular morphology derived from hydrothermally carbonized glucose-graphene oxide hybrids and their performance towards CO_2 and dye adsorption [J] . Carbon, 2015, 81: 137-147.

[108] Sevilla M, Fuertes A B. Sustainable porous carbons with a superior performance for CO_2 capture

[J] . Energy & Environmental Science, 2011, 4 (5): 1765-1771.

[109] Li Y L, Ruan G D, Jalilov A S, et al. Biochar as a renewable source for high-performance CO_2 sorbent [J] . Carbon, 2016, 107: 344-351.

[110] Plaza M G, González A S, Pis J J, et al. Production of microporous biochars by single-step oxidation: Effect of activation conditions on CO_2 capture [J] . Applied Energy, 2014, 114: 551-562.

[111] Li D W, Wang Y, Zhang X X, et al. Effects of compacting activated carbons on their volumetric CO_2 adsorption performance [J] . Fuel, 2020, 262. 10. 1016/j. fuel. 2019. 116540.

[112] Guo Y F, Tan C, Sun J, et al. Porous activated carbons derived from waste sugarcane bagasse for CO_2 adsorption [J] . Chemical Engineering Journal, 2020, 381. 10. 1016/j. cej. 2019. 122736.

[113] González A S, Plaza M G, Rubiera F, et al. Sustainable biomass-based carbon adsorbents for post-combustion CO_2 capture [J] . Chemical Engineering Journal, 2013, 230: 456-465.

[114] Yuan H R, Chen J, Li D N, et al. 5 Ultramicropore-rich renewable porous carbon from biomass tar with excellent adsorption capacity and selectivity for CO_2 capture [J] . Chemical Engineering Journal, 2019, 373: 171-178.

[115] Ding S, Liu Y X. Adsorption of CO_2 from flue gas by novel seaweed-based KOH-activated porous biochars [J] . Fuel, 2020, 260. 10. 1016/j. fuel. 2019. 116382.

[116] Gonzalez J F, Roman S, González-Garcia C M, et al. Porosity development in activated carbons prepared from walnut shells by carbon dioxide or steam activation [J] . Industrial & Engineering Chemistry Research, 2009, 48 (16): 7474-7481.

[117] Sun Y H, Zhao J H, Wang J L, et al. Sulfur-doped millimeter-sized microporous activated carbon spheres derived from sulfonated poly (styrene - divinylbenzene) for CO_2 capture [J] . The Journal of Physical Chemistry C, 2017, 121 (18): 10000-10009.

[118] Shao L S, Liu M Q, Huang J H, et al. CO_2 capture by nitrogen-doped porous carbons derived from nitrogen-containing hyper-cross-linked polymers [J] . Journal of Colloid and Interface Science, 2018, 513: 304-313.

[119] Wickramaratne N P, Jaroniec M. Importance of small micropores in CO_2 capture by phenolic resin-based activated carbon spheres [J] . Journal of Materials Chemistry A, 2013, 1 (1): 112-116.

[120] Qi S C, Liu Y, Peng A Z, et al. Fabrication of porous carbons from mesitylene for highly efficient CO_2 capture: A rational choice improving the carbon loop [J] . Chemical Engineering Journal, 2019, 361: 945-952.

[121] Singh J, Bhunia H, Basu S. CO_2 adsorption on oxygen enriched porous carbon monoliths: Kinetics, isotherm and thermodynamic studies [J] . Journal of Industrial and Engineering Chemistry, 2018, 60: 321-332.

[122] Chang B B, Shi W B, Yin H, et al. Poplar catkin-derived self-templated synthesis of N-doped hierarchical porous carbon microtubes for effective CO_2 capture [J] . Chemical Engineering Journal, 2019, 358: 1507-1518.

[123] Karimi M, De Tuesta J L D, Gonçalves C N D P, et al. Compost from municipal solid wastes as a source of biochar for CO_2 capture [J] . Chemical Engineering & Technology, 2020, 43 (7):

1336-1349.

[124] Yang Y F, Narayanan Nair A K, Sun S Y. Adsorption and diffusion of carbon dioxide, methane, and their mixture in carbon nanotubes in the presence of water [J] . The Journal of Physical Chemistry C, 2020, 124 (30): 16478-16487.

[125] Lee M S, Lee S Y, Park S J. Preparation and characterization of multi-walled carbon nanotubes impregnated with polyethyleneimine for carbon dioxide capture [J] . International Journal of Hydrogen Energy, 2015, 40 (8): 3415-3421.

[126] Su F S, Lu C S, Cnen W F, et al. Capture of CO_2 from flue gas via multiwalled carbon nanotubes [J] . Science of The Total Environment, 2009, 407 (8): 3017-3023.

[127] Hao J, Wang X, Wang Y X, et al. Hierarchical structure N, O-co-doped porous carbon/carbon nanotube composite derived from coal for supercapacitors and CO_2 capture [J] . Nanoscale Advances, 2020, 2 (2): 878-887.

[128] Yang Y B, Hao Q, Müller-Plathe F, et al. Monte carlo simulations of SO_2, H_2S, and CO_2 adsorption in charged single-walled carbon nanotube arrays [J] . The Journal of Physical Chemistry C, 2020, 124 (10): 5838-5852.

[129] Lee S Y, Park S J. Determination of the optimal pore size for improved CO_2 adsorption in activated carbon fibers [J] . Journal of Colloid and Interface Science, 2013, 389 (1): 230-235.

[130] Heo Y J, Park S J. A role of steam activation on CO_2 capture and separation of narrow microporous carbons produced from cellulose fibers [J] . Energy, 2015, 91: 142-150.

[131] Nan D, Liu J, Ma W. Electrospun phenolic resin-based carbon ultrafine fibers with abundant ultra-small micropores for CO_2 adsorption [J] . Chemical Engineering Journal, 2015, 276: 44-50.

[132] Silvestre-Albero J, Wahby A, Sepúlveda-Escribano A, et al. Ultrahigh CO_2 adsorption capacity on carbon molecular sieves at room temperature [J] . Chemical Communications. 2011, 47 (24): 6840.

[133] Wahby A, Ramos-Fernández J M, Martínez-Escandell M, et al. High-surface-area carbon molecular sieves for selective CO_2 adsorption [J] . ChemSusChem, 2010, 3 (8): 974-981.

[134] Song X, Wang L A, Li Y F, et al. Application of adsorption potential theory in prediction of CO_2 and CH_4 adsorption on carbon molecular sieves [J] . Adsorption Science & Technology, 2018, 36 (9-10): 1669-1686.

[135] Park Y, Moon D K, Park D, et al. Adsorption equilibria and kinetics of CO_2, CO, and N_2 on carbon molecular sieve [J] . Separation and Purification Technology, 2019, 212: 952-964.

[136] Wahby A, Silvestre-Albero J, Sepúlveda-Escribano A, et al. CO_2 adsorption on carbon molecular sieves [J] . Microporous and Mesoporous Materials, 2012, 164: 280-287.

[137] Guo B, Chang L P, Xie K C. Adsorption of carbon dioxide on activated carbon [J] . Journal of Natural Gas Chemistry, 2006, 15 (3): 223-229.

[138] Shahkarami S, Dalai A K, Soltan J. Enhanced CO_2 adsorption using MgO-impregnated activated carbon: Impact of preparation techniques [J] . Industrial & Engineering Chemistry Research, 2016, 55 (20): 5955-5964.

[139] Lahijani P, Mohammadi M, Mohamed A R. Metal incorporated biochar as a potential adsorbent

for high capacity CO_2 capture at ambient condition [J] . Journal of CO_2 Utilization, 2018, 26: 281-293.

[140] Jang D I, Park S J. Influence of nickel oxide on carbon dioxide adsorption behaviors of activated carbons [J] . Fuel, 2012, 102: 439-444.

[141] Nowrouzi M, Younesi H, Bahramifar N. Superior CO_2 capture performance on biomass-derived carbon/metal oxides nanocomposites from Persian ironwood by H_3PO_4 activation [J] . Fuel, 2018, 223: 99-114.

[142] Rao L L, Ma R, Liu S F, et al. Nitrogen enriched porous carbons from d-glucose with excellent CO_2 capture performance [J] . Chemical Engineering Journal, 2019, 362: 794-801.

[143] Yue L M, Rao L M, Wang L L, et al. Efficient CO_2 adsorption on nitrogen-doped porous carbons derived from d-glucose [J] . Energy & Fuels, 2018, 32 (6): 6955-6963.

[144] Yue L M, Xia Q Z, Wang L W, et al. CO_2 adsorption at nitrogen-doped carbons prepared by K_2CO_3 activation of urea-modified coconut shell [J] . Journal of Colloid and Interface Science, 2018, 511: 259-267.

[145] Rao L L, Liu S F, Wang L L, et al. N-doped porous carbons from low-temperature and single-step sodium amide activation of carbonized water chestnut shell with excellent CO_2 capture performance [J] . Chemical Engineering Journal, 2019, 359: 428-435.

[146] Plaza M G, Pevida C, Arias B, et al. Development of low-cost biomass-based adsorbents for postcombustion CO_2 capture [J] . Fuel, 2009, 88 (12): 2442-2447.

[147] Singh J, Basu S, Bhunia H. Dynamic CO_2 adsorption on activated carbon adsorbents synthesized from polyacrylonitrile (PAN): Kinetic and isotherm studies [J] . Microporous and Mesoporous Materials, 2019, 280: 357-366.

[148] Du J, Li W C, Ren Z X, et al. Synthesis of mechanically robust porous carbon monoliths for CO_2 adsorption and separation [J] . Journal of Energy Chemistry. 2020, 42: 56-61.

[149] Peng A Z, Qi S C, Liu X, et al. Fabrication of N-doped porous carbons for enhanced CO_2 capture: Rational design of an ammoniated polymer precursor [J] . Chemical Engineering Journal, 2019, 369: 170-179.

[150] Sun F, Gao J H, Liu X, et al. One-step ammonia activation of Zhundong coal generating nitrogen-doped microporous carbon for gas adsorption and energy storage [J] . Carbon, 2016, 109: 747-754.

[151] Sun F, Liu X, Gao J H, et al. Highlighting the role of nitrogen doping in enhancing CO_2 uptake onto carbon surfaces [J] . Journal of Materials Chemistry, 2016, 4 (47): 18248-18252.

[152] Qin F F, Guo Z Y, Wang J S, et al. Nitrogen-doped asphaltene-based porous carbon nanosheet for carbon dioxide capture [J] . Applied Surface Science, 2019, 491: 607-615.

[153] Shen W Z, He Y, Zhang S C, et al. Yeast-based microporous carbon materials for carbon dioxide capture [J] . ChemSusChem, 2012, 5 (7): 1274-1279.

[154] Li P, Xing C, Qu S J, et al. Carbon dioxide capturing by nitrogen-doping microporous carbon [J] . ACS Sustainable Chemistry & Engineering, 2015, 3 (7): 1434-1442.

[155] Shen W Z, Zhang S, He Y, et al. Hierarchical porous polyacrylonitrile-based activated carbon fibers for CO_2 capture [J] . Journal of Materials Chemistry, 2011, 21 (36): 14036-14040.

[156] Beltzung A, Klaue A, Colombo C, et al. Polyacrylonitrile nanoparticle-derived hierarchical structure for CO_2 capture [J] . Energy Technology. 2018, 6 (4): 718-727.

[157] Serafin J, Narkiewicz U, Morawski A W, et al. Highly microporous activated carbons from biomass for CO_2 capture and effective micropores at different conditions [J] . Journal of CO_2 Utilization, 2017, 18: 73-79.

[158] Luo L, Chen T, Li Z, et al. Heteroatom self-doped activated biocarbons from fir bark and their excellent performance for carbon dioxide adsorption [J] . Journal of CO_2 Utilization, 2018, 25: 89-98.

[159] Shao L S, Wang S Q, Liu M Q, et al. Triazine-based hyper-cross-linked polymers derived porous carbons for CO_2 capture [J] . Chemical Engineering Journal, 2018, 339: 509-518.

[160] Tiwari D, Bhunia H, Bajpai P K. Synthesis of nitrogen enriched porous carbons from urea formaldehyde resin and their carbon dioxide adsorption capacity [J] . Journal of CO_2 Utilization, 2017, 21: 302-313.

[161] Li X, Sui Z Y, Sun Y N, et al. Polyaniline-derived hierarchically porous nitrogen-doped carbons as gas adsorbents for carbon dioxide uptake [J] . Microporous and Mesoporous Materials, 2018, 257: 85-91.

[162] 彭召静，赵彦杰，黄成德，等．用于燃烧后 CO_2 捕集系统的胺基固态吸附材料研究进展 [J] . 化工进展，2018, (02): 610-620.

[163] Wang Y X, Guo T, Hu X D, et al. Mechanism and kinetics of CO_2 adsorption for TEPA- impregnated hierarchical mesoporous carbon in the presence of water vapor [J] . Powder Technology, 2020, 368, 227-236.

[164] Chatterjee R, Sajjadi B, Chen W, et al. Low frequency ultrasound enhanced dual amination of biochar: a nitrogen-enriched sorbent for CO_2 capture [J] . Energy & Fuels, 2019, 33 (3): 2366-2380.

[165] Chen W Y, Mattern D L, Okinedo E, et al. Photochemical and acoustic interactions of biochar with CO_2 and H_2O: applications in power generation and CO_2 capture [J] . AICHE Journal, 2014, 60 (3): 1054-1065.

[166] Chatterjee R, Sajjadi B, Mattern D L, et al. Ultrasound cavitation intensified amine functionalization: A feasible strategy for enhancing CO_2 capture capacity of biochar [J] . Fuel, 2018, 225: 287-298.

[167] Liu Q, Shi Y, Zheng S D, et al. Amine-functionalized low-cost industrial grade multi-walled carbon nanotubes for the capture of carbon dioxide [J] . Journal of Energy Chemistry, 2014, 23 (1): 111-118.

[168] Liu Q, Xiong B T, Shi J J, et al. Enhanced tolerance to flue gas contaminants on carbon dioxide capture using amine-functionalized multiwalled carbon nanotubes [J] . Energy & Fuels, 2014, 28 (10): 6494-6501.

[169] Liu Q, Shi J J, Wang Q N, et al. Carbon dioxide capture with polyethylenimine- functionalized industrial-grade multiwalled carbon nanotubes [J] . Industrial & Engineering Chemistry Research, 2014, 53 (44): 17468-17475.

[170] Liu Q, Shi J J, Zheng S D, et al. Kinetics studies of CO_2 adsorption/desorption on amine-func-

tionalized multiwalled carbon nanotubes [J] . Industrial & Engineering Chemistry Research, 2014, 53 (29): 11677-11683.

[171] Guo Y F, Zhao C W, Li C H, et al. Application of PEI-K_2CO_3/AC for capturing CO_2 from flue gas after combustion [J] . Applied Energy, 2014, 129: 17-24.

[172] Peng H L, Zhang J B, Zhang J Y, et al. Chitosan-derived mesoporous carbon with ultrahigh pore volume for amine impregnation and highly efficient CO_2 capture [J] . Chemical Engineering Journal, 2019, 359: 1159-1165.

[173] Chai S H, Liu Z M, Huang K, et al. Amine functionalization of microsized and nanosized mesoporous carbons for carbon dioxide capture [J] . Industrial & Engineering Chemistry Research, 2016, 55 (27): 7355-7361.

[174] Ahmed S, Ramli A, Yusup S, et al. Adsorption behavior of tetraethylenepentamine -functionalized Si-MCM-41 for CO_2 adsorption [J] . Chemical Engineering Research & Design, 2017, 122: 33-42.

[175] Liu Y, Shi J, Chen J, et al. Dynamic performance of CO_2 adsorption with tetraethylenepentamine-loaded KIT-6 [J] . Microporous and Mesoporous Materials, 2010, 134 (1-3): 16-21.

[176] Zhao P, Zhang G, Hao L. A novel blended amine functionalized porous silica adsorbent for carbon dioxide capture [J] . Adsorption-Journal of the International Adsorption Society, 2020, 26 (5): 749-764.

第2章

杂原子掺杂多孔炭的构筑

我国“富煤、贫油、少气”的能源结构，使得煤炭在我国一次能源消费结构中占有较大比例。传统的煤利用方式引发了较为严重的环境问题，如 CO_2 排放量高。但随着材料科学与绿色技术的进步，煤基炭材料的开发为煤炭产业开辟了全新的价值空间。从分子尺度上看，煤是由脂肪结构、芳香结构以及化学桥键组成的碳基大分子，是制备碳基功能材料的天然碳源。煤基炭材料通过深加工将煤炭转化为高附加值产品，极大提升了资源利用效率。例如，煤焦油可制备高性能碳纤维，煤矸石可转化为活性炭用于污水处理，低阶煤通过石墨化技术可制成锂电池负极材料。这种“变废为宝”的模式，不仅减少了固废堆积带来的环境压力，还为煤炭企业开辟了新的利润增长点。煤基炭材料可用于化工、环保、航空、航天等领域。发展煤基炭材料不仅能够推动资源高效利用、助力“双碳”目标实现，更对新能源革命、产业升级和区域经济发展具有深远意义。

宁夏羊场湾煤矿是我国西北地区重要的现代化大型煤矿之一，位于宁夏回族自治区灵武市宁东能源化工基地内。羊场湾煤具有低灰、低硫、高发热量的特点。表 2-1 列出了羊场湾煤的工业分析及元素分析。基于低阶煤挥发分含量高、反应活性高、易于成孔的特点，以其为原料，改性制备 CO_2 吸附剂。本章介绍以羊场湾煤为原料的煤基炭材料的改性制备及其在 CO_2 吸附方面的应用。

表 2-1　羊场湾煤的工业分析和元素分析

工业分析/%				元素分析/%				
M_{ad}	A_{ad}	V_{ad}	FC_{ad}	C_d	H_d	O_d	N_d	S_d
10.38	5.40	27.03	57.57	79.18	4.35	9.03	1.47	0.57

注：M_{ad} 为水分，A_{ad} 为灰分，V_{ad} 为挥发分，FC_{ad} 为固定碳。角标 ad 表示测试样品为空气干燥基煤样，即在常温空气条件下干燥后的煤样；角标 d 表示测试样品为干燥基煤样，即在 100～110℃下干燥后的煤样。

2.1　氮掺杂煤基多孔炭的 CO_2 吸附性能及吸附机理

纯多孔炭具有较高的 CO_2 吸附量，但在混合气氛下的吸附选择性较低，将氮原子引入碳材料骨架中，可以提高多孔炭的吸附选择性。Chen 等[1] 发现，吡啶氮（N-6）、吡咯氮（N-5）和季型氮（N-Q）的存在有效增加了多孔炭 CO_2 的吸附量，吸附热力学研究表明该吸附过程属于物理吸附。Peyravi 等[2] 分析指出，杂原子氮的引入可增强吸附剂表面极性，诱发 CO_2 强电偶极矩，形成酸碱对、氢键等相互作用，从而提高了 CO_2 吸附量和吸附选择性。Shen 等[3,4] 通过 CO_2 程序升温脱附表征发现，氮掺杂多孔炭表面与 CO_2 之间存在化学相互作用。除了表面官能团，多孔炭的孔结构对 CO_2 吸附也有很大影响。CO_2 的分子当量直径为 0.33nm，已有研究表明，小孔有助于常压下 CO_2 吸附[5]。Shao 等[6] 研究了氮掺杂多孔炭孔结构与 CO_2 吸附性能的关系发现，标准状况（0℃）下的 CO_2 吸附量与超微孔体积（$d<0.8$nm）存在线性关系，$R^2=0.9737$。Serafin 等[7] 总结在 0.30～0.86nm 范围内的微孔有利于标准条件下 CO_2 吸附（$R^2=0.99$），但室温下的有效微孔范围降至 0.30～0.33nm($R^2=0.68$)。而 Hu 等[8] 通过密度泛函理论分析得到直径小于 1nm 的孔可填充高密度 CO_2。显然，氮掺杂多孔炭的吸附机理、孔径与吸附量的关系尚存在争议。

2.1.1　氮掺杂煤基多孔炭的制备

氮氧多孔炭的制备分两步完成，尿素改性和 KOH 活化。

（1）尿素改性

将羊场湾煤破碎并筛分出粒径为 150～300μm 的部分，于 110℃的鼓风干燥箱中干燥 12h。将筛分的煤颗粒与尿素以质量比 1∶1 混合，放置于管式炉中，具体实验装置如图 2-1 所示。首先通入惰性气体 N_2 吹扫 30min，流速为 400mL/min，然后以 10℃/min 加热至炭化温度（600℃、650℃、700℃）并保持 60min，最后在 N_2 气氛降至室温。得到炭化样品标记为 NC-x，x 表示炭化温度,℃。

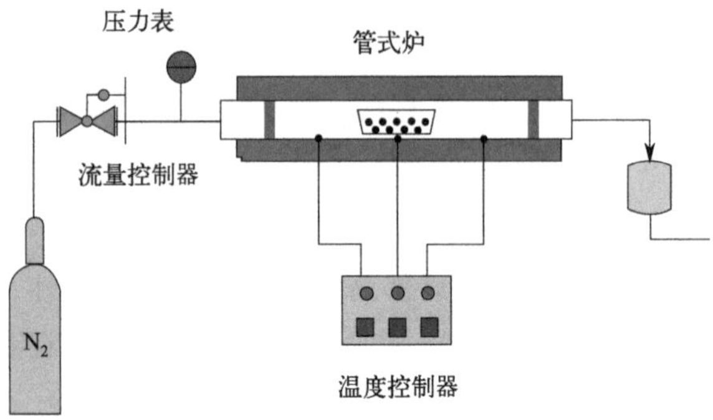

图 2-1 吸附剂制备实验装置示意图

（2）KOH 活化

将 KOH 与炭化样品以质量比 3∶1 混合，在管式炉中，通入惰性气体 N_2 吹扫 30min，接着以 10℃/min 的升温速率加热至活化温度（650℃、700℃、800℃），并在活化温度下保持 60min，然后在 N_2 气氛下降温至室温。采用浓度为 1mol/L 盐酸将活化后的样品酸洗 2h，再经水洗至中性，最后于 110℃的烘箱干燥 12h，得到的氮掺杂煤基多孔炭，标记为 NAC-x-y，y 表示活化温度,℃。

为了考察氮掺杂对多孔炭吸附性能的影响，制备了对照样品未掺杂多孔炭及后掺杂多孔炭。煤在未加尿素的情况下直接在 650℃炭化，然后在 650℃下进行 KOH 活化，得到未掺杂多孔炭，标记为 AC-650-650。将未掺杂多孔炭与尿素以质量比 1∶1 混合，在一定温度下加热 60min，得到后掺杂氮多孔炭，标记为 ACN-650-650。

2.1.2 微观孔结构及表面化学性质分析

多孔炭材料的吸附性能与其孔结构、表面化学性质息息相关。以下将通过场发射扫描电镜分析多孔炭材料的表观形貌，采用氮气吸脱附曲线及孔径分布表征分析多孔炭材料的微观孔结构，利用元素分析、傅里叶红外光谱及 X 射线光电子能谱分析多孔炭材料的化学组成、表面化学性质。

2.1.2.1　扫描电镜分析

采用 JSM-7500F 场发射扫描电子显微镜（日本电子）测定原煤及多孔炭吸附剂的表观形貌。在扫描前，先将样品置于导电胶上，然后对样品进行喷金处理，最后在加速电压为 10kV 的条件下进行扫描。图 2-2 分别为原煤及经尿素改性（NC-650）、KOH 活化后吸附剂（NAC-500-650、NAC-650-650）的扫描电镜图。由图 2-2(a) 可以看出，原煤的表面相对平整光滑，呈块状分布，结构致密，基本观察不到孔隙。经尿素改性后，表面变粗糙，凹凸不平，呈沟壑状。而 KOH 活化后，在图 2-2(c) 和 (d) 中可明显观察到分布密集的狭长缝隙。这是由于活化过程中 KOH 与碳反应，并伴随气体 CO_2、CO、H_2 的产生[9]。

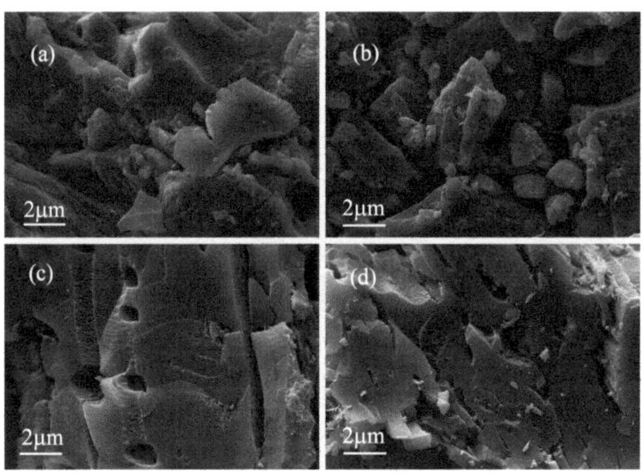

图 2-2　原煤及多孔炭材料的扫描电镜图

(a) 原煤；(b) 尿素改性炭化样品 NC-650（炭化温度 650℃、未活化）；
(c) 氮掺杂多孔炭 NAC-500-650（炭化温度 500℃、活化温度 650℃）；
(d) 氮掺杂多孔炭 NAC-650-650（炭化温度 650℃、活化温度 650℃）

2.1.2.2　氮气吸脱附曲线和孔径分布分析

多孔炭材料的孔结构通过低温氮气吸脱附曲线（−196℃）进行表征，采用康塔全自动物理化学吸附仪 autosorbIQ 测定。测试前，需要对吸附剂进行预处理，在真空氛围、200℃下脱气 6h。然后样品在液氮氛围下进行测试。比表面积由相对压力在 0.01～0.20 时的氮气吸附数据及 BET（Brunauer-Emmett-Teller）方程计算得出；孔体积则由相对压力为 0.99 时的吸附数据得到；微孔（≤2nm）体积根据相对压力在 0.2～0.5 的吸附数据采用 t-plot 方法计算，微孔比例由微孔体积与总孔体积相除（比值）得到；孔径分布则根据氮气吸附数据，结合密度泛函理论模型计算得到。窄微孔（＜1nm）的体积通过 0℃的 CO_2 吸附等温线得到。介孔体积通过总孔体积与微孔体积的差值计算得到。

根据国际纯粹与应用化学协会（IUPAC）的定义，多孔炭材料的孔径分为三类：微孔（$d \leqslant 2$nm）、介孔（2nm$< d \leqslant$50nm）和大孔（$d >$50nm）。图 2-3 为不同炭化、活化温度条件下得到的氮掺杂多孔炭的 N_2 吸脱附等温线。从图中可以看到，该吸附等温线属于典型的Ⅰ型吸附等温线（即朗格缪尔吸附等温线），吸附过程是窄孔吸附，样品的外表面积比孔内表面积小很多，吸附量受孔体积控制，属于典型的微孔材料。由图可知，不同炭化、活化温度条件

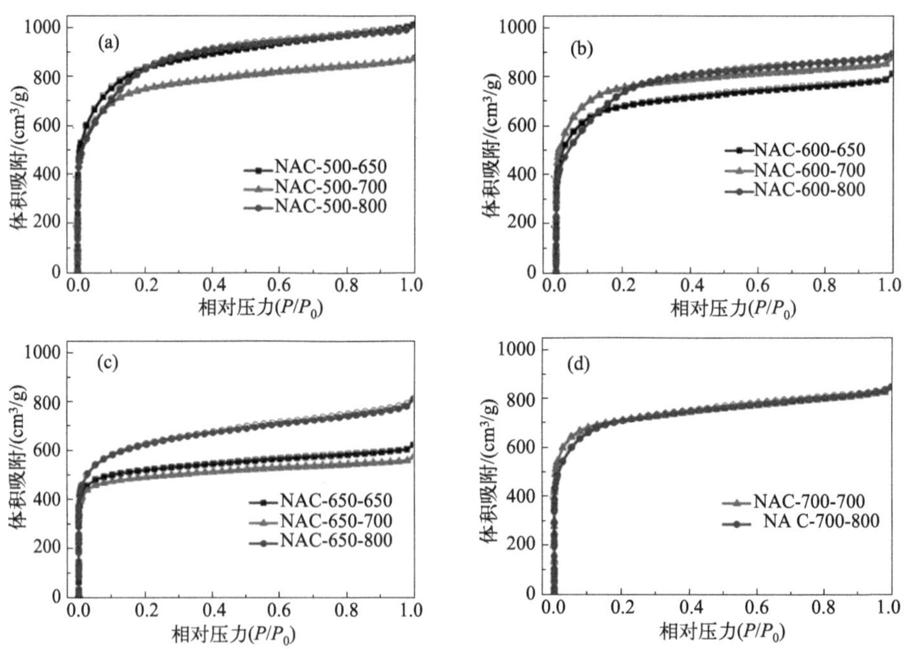

图 2-3 不同炭化、活化温度条件下制备的多孔炭 NACs 的 N_2 吸脱附等温线

下得到的氮掺杂多孔炭在相对压力 $P/P_0<0.01$ 时均有较高的 N_2 吸附量，说明其含有较多的微孔结构。在相对压力 $P/P_0>0.1$ 时，随相对压力的增加，对 N_2 的吸附趋近饱和，说明其微孔比例含量高，是典型的微孔材料。这主要归因于 KOH 活化过程中与碳反应，并伴随气体 CO_2、CO、H_2 的产生。另外，活化温度高于 700℃时，金属钾被还原镶嵌在碳骨架中，再经酸洗和水洗起到了造孔的作用。

表 2-2 列出了不同炭化、活化温度条件下制备的氮掺杂多孔炭的比表面积、孔体积、微孔体积等。改变炭化、活化温度，可调控多孔炭的比表面积在 1921～3079m^2/g 范围内，孔体积在 0.89～1.58cm^3/g 范围内，微孔体积在 0.67～1.06cm^3/g 范围内。从表 2-2 可以看到，NAC-500-650 的比表面积和孔体积最大，分别为 3079m^2/g、1.58cm^3/g。当活化温度一定时，比表面积和孔体积随着炭化温度的降低呈现下降趋势。原因是在较低的炭化温度下，挥发分不能完全脱除，得到的炭化焦仍具有较高的活性，更易与 KOH 反应，形成更发达的孔隙结构。因此，在特定的 KOH∶NC 比值下，炭化温度对比表面积和孔体积有较大的影响。

表 2-2 不同条件下制备氮掺杂多孔炭及对照样品的孔结构参数

样品①	比表面积/(m^2/g)	孔体积/(cm^3/g)	微孔体积/(cm^3/g)	微孔比例/%
原煤	5	—	—	—
NAC-500-650	3079	1.58	1.06	67.13
NAC-500-700	2812	1.36	1.01	73.79
NAC-500-800	3062	1.56	1.03	66.03
NAC-600-650	2556	1.26	0.91	72.18
NAC-600-700	2829	1.36	1.03	76.23
NAC-600-800	2701	1.38	0.92	66.69
NAC-650-650	2021	0.96	0.70	72.92
NAC-650-700	1921	0.89	0.67	75.28
NAC-650-800	2319	1.25	0.77	61.60
NAC-700-700	2716	1.30	0.93	71.87
NAC-700-800	2633	1.31	0.93	71.06
AC-650-650②	2404	1.10	0.86	78.18
ACN-650-650③	1763	0.93	0.57	61.29

①所有样品炭化时间和活化时间均为 1h；②对照样品，未进行尿素改性；③对照样品，活化后进行尿素改性。

图 2-4 为不同炭化、活化温度条件下得到的氮掺杂多孔炭的孔径分布曲线。由图可以看出，实验所得氮掺杂多孔炭的主要孔径均低于 2nm，说明 KOH 活化得到的氮掺杂多孔炭属于高微孔材料。同时，氮掺杂多孔炭的孔径分布相对一致，在 0～2nm 范围内，NAC-650-650 的孔径主要集中于 0.72nm、1.02nm、1.40nm。

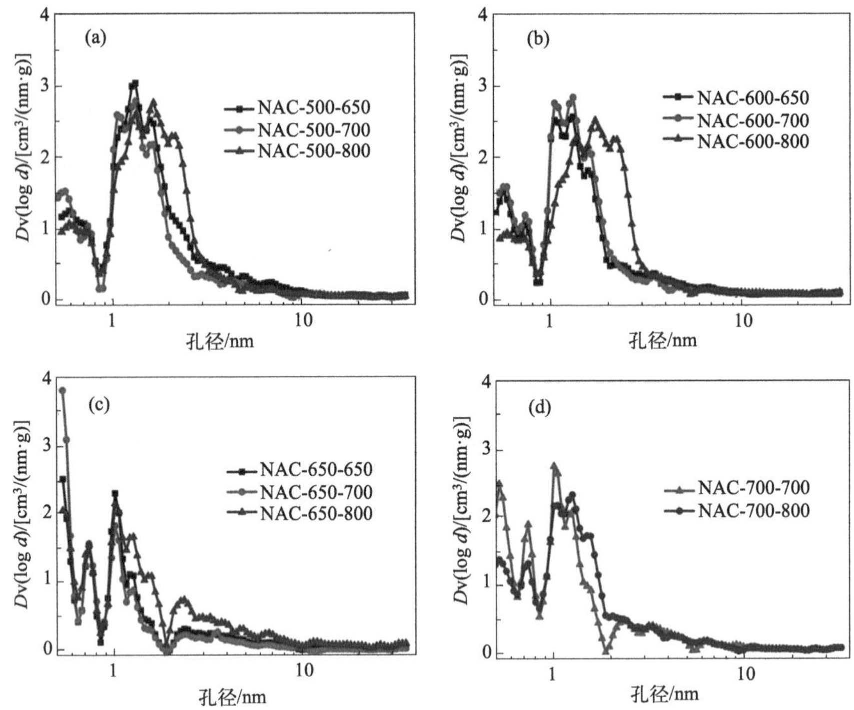

图 2-4　不同炭化、活化温度条件下制备吸附剂 NACs 的孔径分布曲线

此外，在 700℃ 时活化得到的氮掺杂多孔炭 NAC-x-700 的孔径分布与 650℃活化得到的吸附剂 NAC-x-650 一致，但 700℃活化得到的多孔炭微孔比例高。这是因为活化温度升高，加快了活化反应。而 800℃活化多孔炭 NAC-x-800 的孔径增大，同时表 2-2 列出了 NAC-x-800 的微孔比例都偏低。原因是 KOH 活化过程[10,11] 中，在 400℃时开始形成 K_2CO_3；600℃时 KOH 几乎全部转化为 K_2CO_3(R2-1～R2-5)；当活化温度超过 700℃，K_2CO_3 被 C 还原（R2-6），同时 K_2O 被 H_2 还原（R2-7），形成金属钾；当活化温度升高为

800℃时，钾熔融产生钾蒸气（钾的沸点是 762℃）[12]。钾蒸气的挥发逸出以及镶嵌在碳骨架中的钾经酸洗水洗过程，产生了更多的孔隙结构。因此，在一定的炭化温度下，活化温度对氮掺杂多孔炭孔径的影响较大。

$$2KOH \longrightarrow K_2O+H_2O \tag{R2-1}$$

$$C+H_2O \longrightarrow CO+H_2 \tag{R2-2}$$

$$CO+H_2O \longrightarrow CO_2+H_2 \tag{R2-3}$$

$$K_2O+CO_2 \longrightarrow K_2CO_3 \tag{R2-4}$$

$$6KOH+2C \longrightarrow 2K+3H_2+2K_2CO_3 \tag{R2-5}$$

$$K_2CO_3+2C \longrightarrow 2K+3CO \tag{R2-6}$$

$$K_2O+H_2 \longrightarrow 2K+H_2O \tag{R2-7}$$

2.1.2.3 红外光谱分析

傅里叶变换红外光谱采用德国 Bruker 公司的 TENSORII 型光谱仪获得，用来表征和鉴定多孔炭表面官能团。采用 KBr 压片法制备样品。制样前将样品进行干燥处理，称取 1mg 样品，加入约 300mgKBr 粉末，在玛瑙研钵中研磨并混合均匀，转移到压片模具内，然后将装好样品粉末的模具置于压片机上，压制成透明薄片。分辨率为 $4cm^{-1}$，扫描次数为 16 次，测定波数范围在 $4000\sim400cm^{-1}$ 的红外光谱。

原煤与吸附剂 NAC-650-650 的红外谱图如图 2-5 所示。波数为 $3650cm^{-1}$ 和 $3300cm^{-1}$ 的特征峰，代表 N—H 或—OH 的伸缩振动[1]。波数为 $1745cm^{-1}$ 和 $1705cm^{-1}$ 的特征峰，分别代表—C ═O 和—COOH 的伸缩振动[13]。与原煤的红外谱图相比，NAC-650-650 中—COOH 吸收峰的强度减弱，而—C ═O 吸收峰强度增加。这主要是因为热解过程的脱羧交联反应及活化过程 KOH 的氧化作用。波数为 $1400cm^{-1}$ 的特征峰代表 C—N 的伸缩振动。对于 NAC-650-650，C—N 吸收峰明显增强，表明氮原子被成功掺杂到多孔炭结构中。综上所述，红外谱图证实了氮掺杂多孔炭表面含氮官能团和含氧官能团的存在。

2.1.2.4 X 射线光电子能谱分析

采用美国 Thermo Fisher 公司的 ESCALAB 250Xi X 射线光电子能谱仪，定量分析多孔炭材料表面的碳、氮、氧元素的化学赋存状态。测试条件为，单色 Al Ka($h\nu$=1486.6eV)，功率 150W，500μm 束斑，结合能以 C 1s 284.8 校

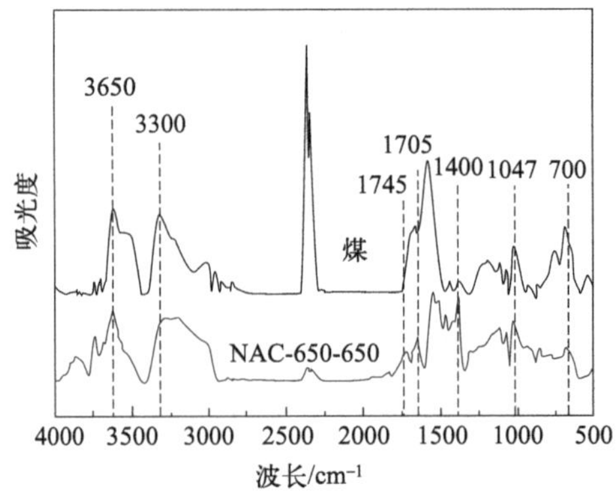

图 2-5　原煤与吸附剂 NAC-650-650 的红外谱图

准。数据处理：采用分析软件 XPSPEAK41 对不同的特征峰进行分峰拟合，以此研究吸附剂表面官能团的赋存形态，并根据积分面积计算不同官能团的相对百分含量。

图 2-6 为吸附剂 NAC-650-650 的 XPS 谱图，反映了多孔炭表面官能团的种类。XPS 总谱图中只有三个峰，分别代表 C 1s、N 1s、O 1s，表明吸附剂 NAC-650-650 表面主要含有碳氮氧三种元素。经分峰拟合分析得到，C 1s 谱中主要包含 284.6eV、285.7eV、288.4eV 三个峰，分别归属于 C—C/C ═C、C—N/C—O 和—C ═O[14]。N 1s 谱中主要包含吡啶氮（N-6、399.1eV）、吡咯氮（N-5、400.5eV）、季型氮（N-Q、402.1eV）三种含氮官能团[1]，其相对百分含量分别为 19.58%、59.78%、20.64%。含氮官能团可增加多孔炭表面的电负性，尤其是 N-5 与 CO_2 分子间较强的相互作用，可有效提高 CO_2 吸附性能[15,16]。O 1s 谱中三个峰分别归属于—OH（531.9eV）、—COC（532.8eV）、—COOH（533.6eV）[9]，其相对百分含量分别为 46.05%、22.34%、31.60%。多孔炭表面含氧官能团的富电子性能，可增强碳表面与 CO_2 分子的结合能，从而提高 CO_2 吸附性能。

2.1.2.5　元素分析

通过元素分析表征吸附剂制备或改性过程中的碳、氮、氧三种元素含量的变化。采用德国 Elementar 仪器 Vario EL cube 元素分析仪测定各元素含量。表 2-3 列出了不同炭化、活化温度条件下制备氮掺杂多孔炭的氮元素和

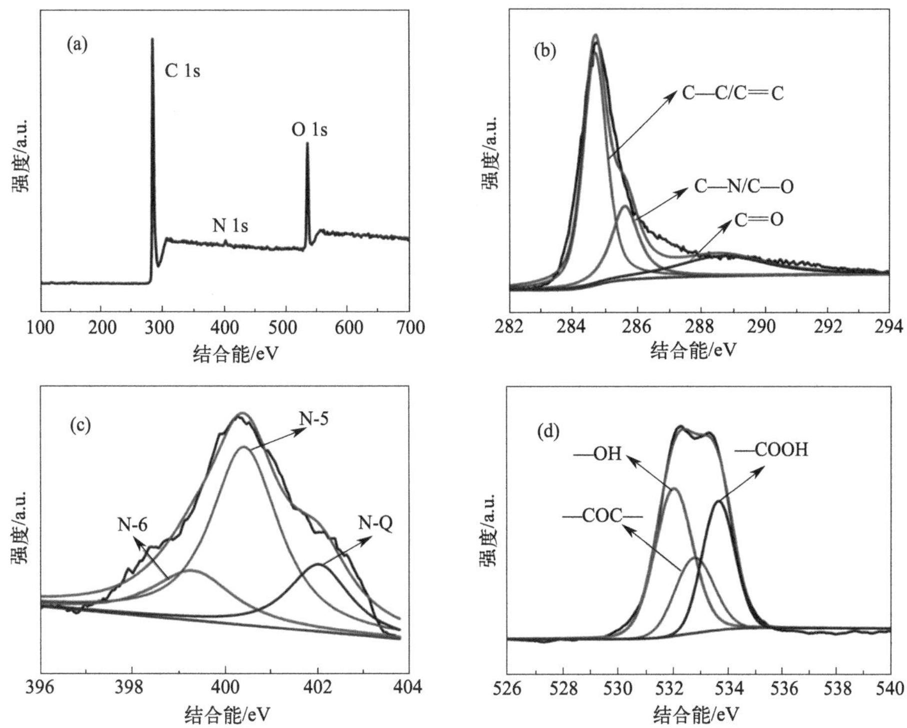

图 2-6　吸附剂 NAC-650-650 的 XPS 总谱图（a）及 C 1s 谱（b）和 N 1s 谱（c）及 O 1s 谱（d）

氧元素含量。通过调节炭化温度和活化温度，氮含量可调控在 1.24%～1.70%（质量分数），氧含量可调控在 5.53%～9.89%（质量分数）。已有报道表明，氮和氧的存在有利于 CO_2 吸附，从而提高 CO_2/N_2 吸附选择性。氮掺杂多孔炭含有较高的氧含量，归因于 KOH 的氧化作用。与未掺杂氮的多孔炭 AC-650-650 对比，吸附剂 NAC-650-650 含有较高的氮含量（1.30%，质量分数），表明尿素改性起到了氮掺杂作用。后掺杂氮的多孔炭 ACN-650-650 的氮含量、氧含量分别为 3.30%、10.00%（质量分数），均高于 NAC-650-650，但表 2-2 中其微孔体积、微孔比例均低于 NAC-650-650。关于孔结构及表面含氮、含氧官能团对 CO_2 吸附性能的影响，将在 2.1.5 小节分析。

表 2-3　不同多孔炭吸附剂的元素分析及室温下的 CO_2 吸附量

样品	N 含量(质量分数)/%	O 含量(质量分数)/%	CO_2 吸附量/(mmol/g)
NAC-500-650	1.27	6.07	1.97
NAC-500-700	1.55	6.74	2.00
NAC-500-800	1.70	7.49	1.81
NAC-600-650	1.63	6.07	1.96
NAC-600-700	1.58	7.02	2.07
NAC-600-800	1.41	7.95	1.75
NAC-650-650	1.30	9.89	2.68
NAC-650-700	1.62	7.71	2.62
NAC-650-800	1.68	5.53	2.27
NAC-700-700	1.24	5.87	2.33
NAC-700-800	1.62	7.35	2.00
AC-650-650	1.06	7.24	2.02
ACN-650-650	3.30	10.00	2.11

2.1.3　CO_2 吸附性能评价

采用德国 Netzsch 公司的 STA449 F3 热综合分析仪测定吸附剂在室温下的 CO_2 吸附量，如图 2-7 所示。该热重分析仪温度测量精度为±0.3℃，升温速率范围为 0.1～100℃/min，最大称重量为 1g，质量测量灵敏度为 0.1μg。

测试流程。首先称取 30mg 样品置于氧化铝坩埚内，在氮气吹扫下加热至 110℃并保持 60min，氮气流速为 60mL/min。然后降温至吸附温度 25℃，在氮气气氛下稳定 60min，接着将氮气切换成纯 CO_2，直到吸附达到平衡。最后在氮气气氛下升温至 110℃进行脱附。随后，降温至吸附温度，吹扫气切换为纯 CO_2，开始下一次吸附实验。重复以上步骤，考察吸附剂在 10 次吸脱附循环过程中的稳定性能及再生性能。根据室温下 CO_2 和 N_2 的吸附量，通过理想吸附理论（IAST）计算氮掺杂多孔炭在模拟烟气条件（15%CO_2/85%N_2，体积分数）下的 CO_2/N_2 吸附选择性。

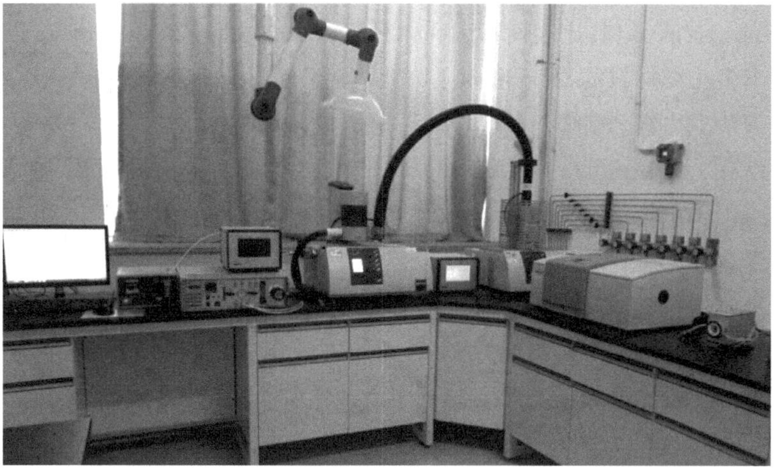

图 2-7　热综合分析仪（TG：STA449 F3；MS：QS403D）

采用式(2-1)、重量法计算 CO_2 吸附量（q_t，单位 mmol/g）：

$$q_t=\frac{1000(m_t-m_0)}{44m_0} \tag{2-1}$$

式中，m_0 是吸附剂吸附前的质量，mg；m_t 是吸附剂吸附稳定后的质量，mg。

采用式(2-2) 计算 CO_2/N_2 吸附选择性（S）：

$$S=\frac{q_{CO_2}/P_{CO_2}}{q_{N_2}/P_{N_2}} \tag{2-2}$$

式中，q 是 CO_2 或 N_2 的吸附量，mmol/g；P 是 CO_2 或 N_2 的分压，bar。

为了计算吸附热，采用吸附仪分别测定吸附剂在 0℃、25℃时的 CO_2 吸附等温线。采用式(2-3) 容量法计算 CO_2 吸附量（q，单位 mmol/g）：

$$q=\frac{V}{V_m}\times\frac{T_0}{T} \tag{2-3}$$

式中，V 是吸附 CO_2 的体积，cm^3/g；V_m 为气体在标准状况下的摩尔体积，22.4L/mol；T 和 T_0 分别为吸附温度、标准温度，K。

采用热综合分析仪考察氮掺杂多孔炭在室温下的 CO_2 吸附性能，其 CO_2 吸附量见表 2-3。实验所得氮掺杂多孔炭的 CO_2 吸附量在 1.81～2.68mmol/g 范围内。结合表 2-2 中的孔结构参数，NAC-500-650 的比表面积和孔体积最大，但 CO_2 吸附量仅为 1.97mmol/g。相反，NAC-650-650 的吸附量最高，为 2.68mmol/g，但其比表面积和孔体积仅有 2021m^2/g、0.96cm^3/g。这表明高孔隙率多孔炭材料的 CO_2 吸附量与比表面积、孔体积并不是正相关。

未掺杂多孔炭 AC-650-650 的微孔比例最高为 78.18%，CO_2 吸附量反而偏低，仅有 2.02mmol/g。NAC-650-650 和 NAC-650-700 的吸附量较 AC-650-650 高，主要是因为除高微孔比例外，其还含有较高的氮含量和氧含量。因此，对于高微孔多孔炭材料，杂原子氮和氧的存在有利于 CO_2 吸附。氮后掺杂多孔炭 ACN-650-650 含有最高的氮含量（3.30%，质量分数）和氧含量（10.00%，质量分数），但 CO_2 吸附量低于 NAC-650-650，为 2.11mmol/g，原因是后掺杂改性增大了孔径，降低了微孔比例。因此，相对于氮含量和氧含量，微孔结构对 CO_2 吸附的影响更大。

为了满足大规模 CO_2 捕集的应用，除了 CO_2 吸附量之外，CO_2/N_2 吸附选择性及循环吸附性能也是评价吸附剂的重要指标。以具有较高 CO_2 吸附量的 NAC-650-650、NAC-650-700 和 NAC-700-700 为研究对象，考察吸附选择性及循环吸附性能。图 2-8(a) 对比了不同吸附剂在室温下的 CO_2 吸附量及 N_2 吸附量。很显然，N_2 吸附量远低于 CO_2 吸附量。根据 IAST 计算 NAC-650-650、NAC-650-700 和 NAC-700-700 在模拟烟气（15% CO_2/85% N_2，体积分数）条件下的 CO_2/N_2 吸附选择性，分别为 79.93、78.14、66.02，对照样品 ACN-650-650 和 AC-650-650 的 CO_2/N_2 吸附选择性分别为 70.33、49.77。NAC-650-650 和 NAC-650-700 的吸附选择性高于 NAC-700-700，主要是因为 NAC-650-650 和 NAC-650-700 具有较高的微孔比例及氮含量、氧含量。AC-650-650 的微孔比例虽高，但由于较低的氮含量、氧含量，使得吸附选择性远低于 NAC-650-650。因此，对于高微孔碳材料，氮和氧的存在有利于提高 CO_2/N_2 吸附选择性。

图 2-8(b) 反映了 NAC-650-650、NAC-650-700、NAC-700-700 在 10 次循环吸附过程中的 CO_2 吸附量，三种吸附剂均表现出良好的循环吸附稳定性。表 2-4 列出了新鲜吸附剂及循环第 10 次的 CO_2 吸附量。经 10 次吸脱附循环后，NAC-650-650、NAC-650-700、NAC-700-700 的吸附量分别下降了 2.61%、2.29%、2.14%。NAC-650-650 的吸附量与 NAC-650-700 相当，但循环吸附能力相比 NAC-650-700 较弱，原因在于表面官能团与 CO_2 相互作用强，脱附困难，使得吸附量下降较快。NAC-700-700 循环吸附量下降幅度最小，这可能是因为微孔比例小，吸附量低，易于脱附。

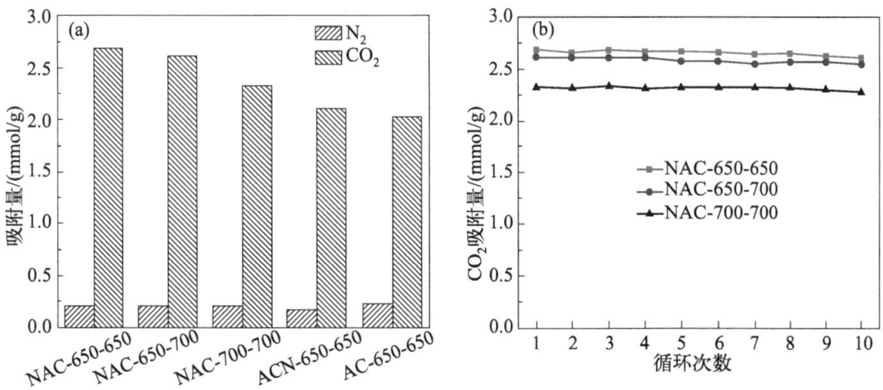

图 2-8　吸附剂 NACs 及对照样品在 25℃时的 CO_2 吸附量、N_2 吸附量（a）和循环吸附性能（b）

表 2-4　室温下新鲜吸附剂及循环第 10 次的 CO_2 吸附量

样品	新鲜吸附剂 CO_2 吸附量/(mmol/g)	吸附剂循环 10 次 CO_2 吸附量/(mmol/g)	吸附量降低/%
NAC-650-650	2.68	2.61	2.61
NAC-650-700	2.62	2.56	2.29
NAC-700-700	2.33	2.28	2.14

2.1.4　吸附动力学研究

吸附速率是设计和评价吸附剂的重要参数。采用 Pseudo-first-order 模型、Pseudo-second-order 模型和 Avrami's fractional-order 模型研究氮掺杂多孔炭的吸附动力学，其动力学参数可有效预测吸附速率。此外，可使用 Pseudo-first-order 模型对吸附数据进行拟合来判断吸附反应是否为物理吸附，使用 Pseudo-second-order 模型对实验吸附数据进行拟合来判断吸附反应是否为化学吸附。三个动力学模型方程如下：

Pseudo-first-order 模型[17]：

$$q_t=q_e[1-\exp(-k_1 t)] \tag{2-4}$$

Pseudo-second-order 模型[17]：

$$q_t=k_2 q_e^2 t/(1+k_2 q_e t) \tag{2-5}$$

Avrami's fractional-order 模型[18]：

$$q_t = q_e\{1-\exp[-(k_n t)^n]\} \tag{2-6}$$

式中，q_t 是指时间 t 时的吸附量，mmol/g；q_e 是指吸附平衡时的吸附量，mmol/g；k_1 代表 Pseudo-first-order 模型的速率常数，min^{-1}；k_2 代表 Pseudo-second-order 模型的速率常数，g/(mmol·min)；k_n 代表 Avrami′s fractional-order 模型的速率常数，min^{-1}；n 代表模型常数。

以具有较高 CO_2 吸附量的样品 NAC-650-650 和 NAC-650-700 作为研究对象，考察氮掺杂多孔炭的吸附动力学。采用上述三个模型对 25℃、纯 CO_2 气氛条件下的吸附实验数据进行拟合。通过实验数据与拟合数据的平均标准方差 R^2 来评价动力学模型的适用性。图 2-9 反映了吸附剂 NAC-650-650 和 NAC-650-700 的吸附实验数据与三个动力学模型的拟合情况。表 2-5 列出了对应的动力学参数。从图 2-9 可以看出，Pseudo-first-order 模型与实验数据有较好的拟合效果，R^2 可以达 0.99 以上；而 Pseudo-second-order 模型在吸附初始阶段高估了样品的吸附能力，在平衡吸附阶段低估了吸附能力。由此说明，氮掺杂多孔炭吸附 CO_2 的行为是由内扩散控制的物理吸附过程[17]。此外，Avrami′s fractional-order 模型与实验数据拟合效果最好，具有更高的 R^2 值。这表明 CO_2 吸附过程是分阶段进行的。在初始阶段，吸附速率快，在吸附平衡阶段，由于活性位点被占据以及气体扩散阻力增大，使吸附速率减慢[18]。

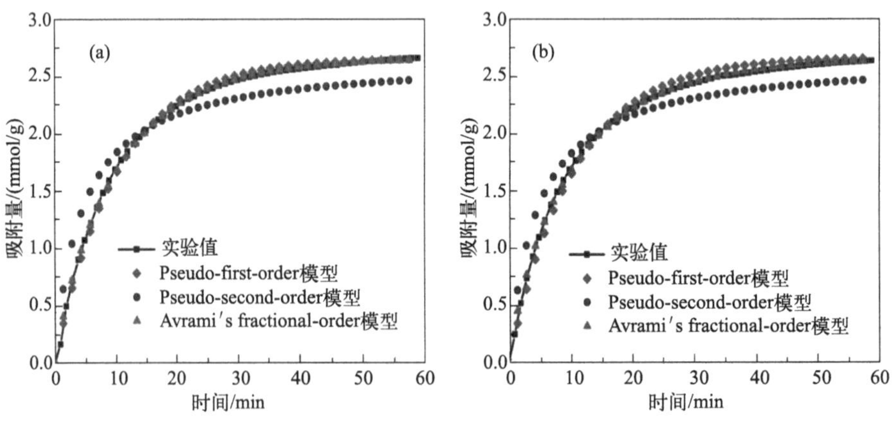

图 2-9　吸附动力学模型对 NAC-650-650 (a) 和 NAC-650-700 (b) CO_2 吸附数据的拟合曲线

表 2-5　氮掺杂多孔炭在 25℃ 时的 CO_2 吸附动力学参数

模型	参数	样品	
		NAC-650-650	NAC-650-700
Pseudo-first-order 模型	q_e/(mmol/g)	2.6318	2.5920
	k_1/min^{-1}	0.1002	0.1022
	R^2	0.9981	0.9973
Pseudo-second-order 模型	q_e/(mmol/g)	2.3786	2.3218
	k_2/[g/(mmol·min)]	0.0817	0.0788
	R^2	0.9236	0.9402
Avrami's fractional-order 模型	q_e/(mmol/g)	2.6588	2.6340
	k_n/min^{-1}	0.0988	0.0999
	n	0.9312	0.8963
	R^2	0.9989	0.9993

采用物理化学吸附仪测定吸附剂 NAC-650-650 和 NAC-650-700 在标准状况及室温下的 CO_2 吸附曲线。通过克劳修斯-克拉佩龙方程[19] 计算吸附热 Q_{st}(kJ/mol)，其方程式如式(2-7)：

$$Q_{st}=\frac{RT_1T_2\ln(P_2/P_1)}{T_2-T_1} \tag{2-7}$$

式中，R 是气体常数，8.314J/(K·mol)；T 代表吸附温度，K；P 为吸附压力，Pa。

图 2-10 为吸附剂 NAC-650-650 和 NAC-650-700 在 0℃、25℃ 条件下的 CO_2 吸附等温线及不同吸附量对应的吸附热。由图 2-10(a) 吸附等温线可知，NAC-650-650 在 0℃ 及 25℃ 条件下的 CO_2 吸附量分别为 5.96mmol/g、3.92mmol/g，NAC-650-700 在 0℃ 及 25℃ 条件下的 CO_2 吸附量分别为 5.64mmol/g、3.46mmol/g。NAC-650-650 的吸附量高于 NAC-650-700，这与 TGA 测试结果一致。

图 2-10(b) 为不同吸附量对应的吸附热，NAC-650-650 的吸附热在 23.95～16.41kJ/mol 范围内，NAC-650-700 的吸附热在 33.10～19.05kJ/mol 范围内。吸附热的数值均低于 40kJ/mol，表明氮掺杂多孔炭吸附 CO_2 的过程是物理吸附。吸附热的数值随着吸附量的增加而降低，说明氮掺杂多孔炭表面是非均相的[20]。

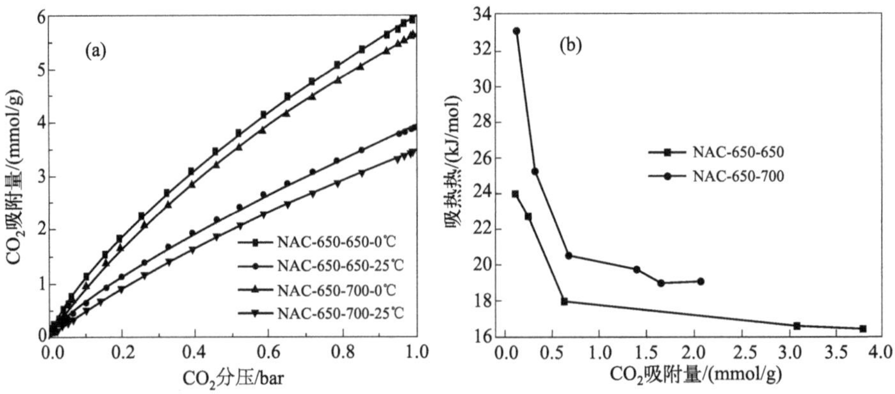

图 2-10　吸附剂 NAC-650-650 和 NAC-650-700 的 CO_2 吸附等温线（a）及吸附热（b）

2.1.5　CO_2 吸附机理

本节以相同氮含量的氮掺杂多孔炭为研究对象，探讨 CO_2 吸附与孔径的相关性，以微孔比例相近的氮掺杂多孔炭为研究对象深入分析 CO_2 吸附与表面含氮官能团、含氧官能团的关系，并通过原位红外光谱分析及吸附动力学研究揭示氮掺杂多孔炭吸附 CO_2 的机理。

2.1.5.1　孔结构对 CO_2 吸附性能的影响

图 2-11 反映了室温下氮掺杂多孔炭 CO_2 吸附量与孔结构的关系。由图 2-11(a) 可以看出，CO_2 吸附量随着微孔比例的增加呈现先增加后降低的趋势。微孔比例在 66.03%～72.92%范围内，吸附量随微孔比例的增大逐渐增加，是因为 CO_2 分子当量直径小，微孔更容易固定 CO_2 分子。当微孔比例高于 72.92%，吸附量开始缓慢下降，原因是当微孔比例高于 75.28%时，介孔比例相应减少，使得 CO_2 在孔道内的扩散受阻，因而吸附量急剧下降。

为了进一步明确促进氮掺杂多孔炭在室温下吸附 CO_2 的孔径范围，以具有相同氮含量的吸附剂为研究对象，考察了不同孔径范围（d<1.02nm、d<0.86nm、d<0.60nm）内的累计孔体积与 CO_2 吸附量的相关性。由图 2-11(b)～(d)可以看出，室温下的 CO_2 吸附量与孔径小于 1.02nm 的累计孔体积具有较好的线性关系，R^2 为 0.9633，高于吸附量与 d<0.86nm 或 d<

0.60nm 累计孔体积的 R^2 值。这表明孔径小于 1.02nm 的孔最有利于室温下 CO_2 的吸附。

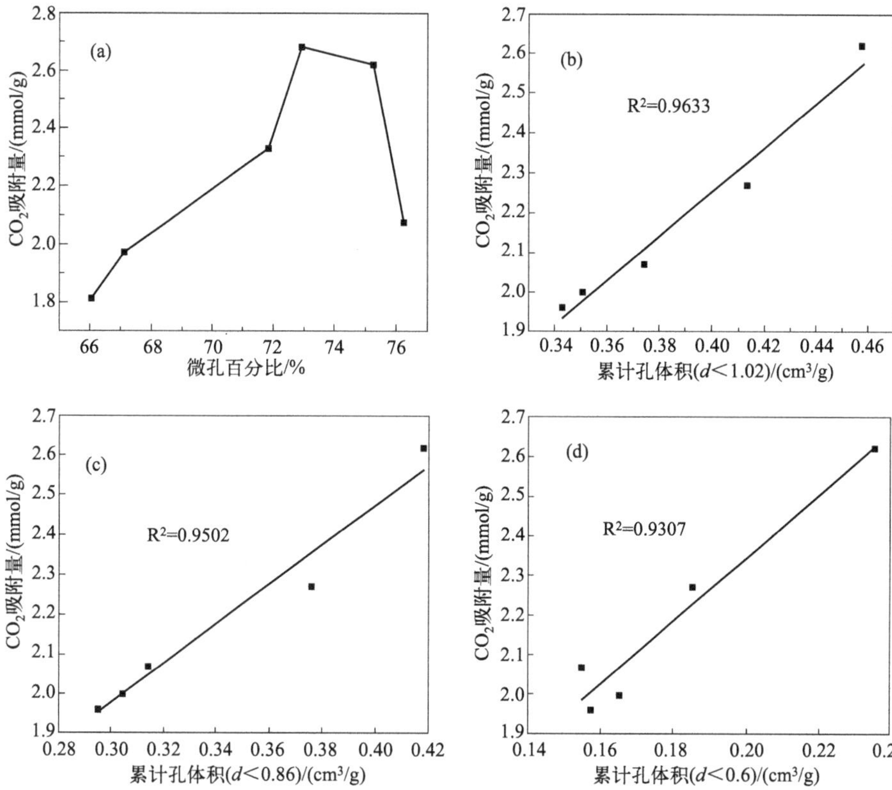

图 2-11　微孔比例与 CO_2 吸附量（25℃、1bar）的关系（a）以及不同孔径范围内累计孔体积与 CO_2 吸附量的线性关系[$d<1.02$nm(b)、$d<0.86$nm(c)、$d<0.60$nm(d)]

2.1.5.2　含氮/氧官能团对 CO_2 吸附性能的影响

表 2-2 和 2-3 中，未掺杂氮多孔炭 AC-650-650 具有较高的微孔比例，但 CO_2 吸附量较低，这主要是因为较低的氮含量（1.06%）。此外，NAC-650-700 含有较高的微孔比例（75.28%）和氮含量（1.62%），吸附量较高为 2.62mmol/g；NAC-650-650 含有较高的微孔比例（72.92%）和氧含量（9.89%），吸附量最高为 2.68mmol/g。上述结果表明，对于微孔比例相当的吸附剂，氮和氧的存在有利于提高 CO_2 吸附。

以具有相似微孔含量的吸附剂为研究对象，考察不同含氮官能团、含氧官

能团与 CO_2 吸附的关系。表 2-6 和表 2-7 分别列出了吸附剂表面含氮官能团 N-6、N-5、N-Q 和含氧官能团—OH、—COC—、—COOH 的相对百分含量以及吸附剂在 25℃时的 CO_2 吸附量。表 2-6 中，含有较高 N-5 含量的吸附剂均有较高的 CO_2 吸附量，表明 N-5 比 N-6、N-Q 更有利于 CO_2 吸附。表 2-7 中，CO_2 吸附量随着—OH 相对含量的增加而增大，而—COC—、—COOH 含量与 CO_2 吸附量无明显相关性，因此相比—COC—、—COOH，—OH 对 CO_2 吸附的贡献更大。

表 2-6 氮掺杂多孔炭表面含氮官能团的相对含量与其室温下的 CO_2 吸附量

样品	N-6/%	N-5/%	N-Q/%	CO_2 吸附量/(mmol/g)
NAC-500-700	36.14	63.16	0.71	2.00
NAC-600-650	49.89	31.76	18.36	1.96
NAC-650-650	39.45	42.22	18.32	2.68
NAC-650-700	19.58	59.78	20.64	2.62
NAC-700-700	0.02	54.62	45.36	2.33
NAC-700-800	42.19	36.94	20.87	2.00

表 2-7 氮掺杂多孔炭表面含氧官能团的相对含量与其室温下的 CO_2 吸附量

样品	—OH/%	—COC—/%	—COOH/%	CO_2 吸附量/(mmol/g)
NAC-500-700	30.57	40.60	28.83	2.00
NAC-600-650	21.90	43.39	34.71	1.96
NAC-650-650	46.05	22.34	31.60	2.68
NAC-650-700	44.27	34.82	20.90	2.62
NAC-700-700	43.93	35.18	20.89	2.33
NAC-700-800	42.17	34.63	23.19	2.00

2.1.5.3 CO_2 吸附过程中的原位红外光谱

为了研究 CO_2 在氮掺杂多孔炭上的吸附行为，采用原位红外光谱分析吸附剂在 CO_2 吸附过程中的变化。原位红外光谱采用美国 Thermo Fisher 公司生产的 Nicolet IS50 型红外分析仪进行测定。测试前，先将样品进行干燥处理，然后在氮气气氛升温至 110℃预处理，待温度降至室温时将气氛切换为 CO_2，并进行红外采集，每 20s 采集一次数据。以预处理后降到室温时吸附 CO_2 前吸附剂的红外谱图作为背景。分辨率为 $8cm^{-1}$，扫描频率为 32 次（1 分钟内）和 64 次（大于 1 分钟），测试波数范围是 $4000\sim600cm^{-1}$，数据采集模式是吸收。

采用原位傅里叶红外光谱研究吸附剂 NAC-650-650 的 CO_2 吸附行为，以吸附时间为 0 时吸附剂的红外光谱图为背景。图 2-12 为不同吸附时间的红外光谱图。从图中可以看到，在波数 $3750\sim3550cm^{-1}$、$2400\sim2200cm^{-1}$、$750\sim600cm^{-1}$ 范围内的吸收峰变化明显，峰强度随吸附时间的延长而增加。波数 $2400\sim2200cm^{-1}$、$750\sim600cm^{-1}$ 的特征峰分别归属于 CO_2 的伸缩振动及变形振动峰[21]。波数 $3750\sim3550cm^{-1}$ 的特征峰归属于 CO_2 振动倍频峰。上述分析结果表明，CO_2 以气体形式吸附在氮掺杂多孔炭上，是一个物理吸附过程。从吸附过程的红外谱图可观察到，峰强度在 6min 内增加较快，然后变得缓慢。这表明在吸附初始阶段吸附速率较快，在吸附平衡阶段吸附速率变缓，与吸附动力学的分析一致。

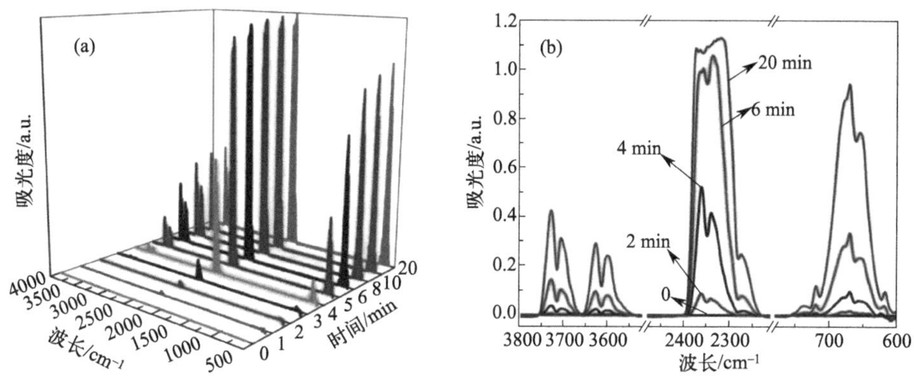

图 2-12　吸附剂 NAC-650-650 吸附 CO_2 过程中的 2D 瀑布式红外吸收光谱 (a) 和原位 FT-IR 差异光谱 (b)

2.2　氮氧共掺杂煤基多孔炭的 CO_2 吸附性能及吸附机理

氮掺杂有效提高了多孔炭的 CO_2 吸附性能，然而氮掺杂量有限，2.1 节中氮掺杂多孔炭的氮含量最高为 1.70%。针对单原子掺杂量有限的问题，共掺杂作为一种新的改性方法被提出，可为碳材料增加更多的表面官能团。文献报道的氮硫共掺杂多孔炭[22,23]、镁氮共掺杂多孔炭[24] 等均表现出优异的 CO_2 吸附性能，而氮氧共掺杂多孔炭报道较少。在 2.1 节中得到结论，含氧官能团有助于提高 CO_2 吸附量。也有研究者发现氧原子的引入，特别是羟基和羰基，由于较高的电子密度，可以吸附更多的 CO_2[25]。氧掺杂多孔炭的 CO_2/N_2 吸附选择性主要取决于氧含量和超微孔结构。Wang 等[9] 探究了多孔炭中含氮官能团和含氧官能团在吸附 CO_2 过程中的作用，发现相邻的 N-6 和—OH/—NH_2 共存对提高 CO_2 吸附性能有显著效果。基于空气预氧化可促进碳材料孔隙发展及含氧官能团的形成[26]。因此，本节将介绍氮氧共掺杂多孔炭的吸附性能，探讨氮氧共掺杂对提高 CO_2 吸附的协同作用机理。

2.2.1 氮氧共掺杂多孔炭的制备

氮氧共掺杂多孔炭的制备分两步完成，氮氧共掺杂改性和 KOH 活化。

(1) 氮氧共掺杂改性

为确定氮氧共掺杂改性温度，对羊场湾煤进行热失重分析。通过德国耐驰的 STA449 F3 热综合分析仪测定热失重曲线（TGA）。测试过程采用 60mL/min 的氮气吹扫，以 10℃/min 的升温速率加热至 800℃。图 2-13 是原煤在氮气气氛下的热失重曲线和 DTG 曲线。在 350～500℃范围内观察到明显的失重峰，代表挥发分的脱除和脱羧交联反应，表明在该温度范围内发生了碳结构的自组装。

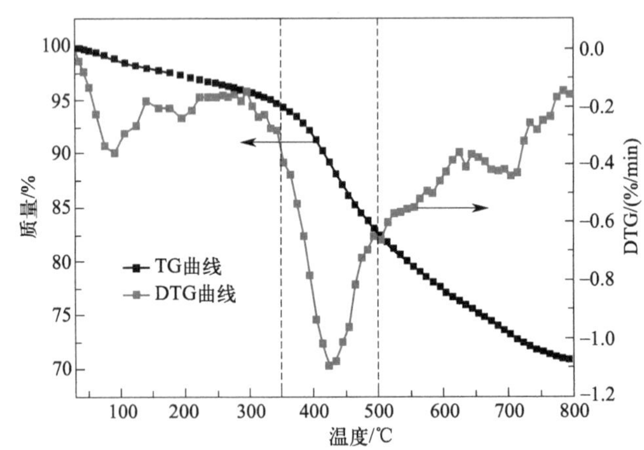

图 2-13 羊场湾煤的热失重曲线

氮氧共掺杂改性过程如下：首先将筛分的羊场湾煤粉（150～300μm）与尿素以质量比 1∶1 混合均匀，置于装有穿孔盖的刚玉瓷舟中，然后放置在管式炉中，在空气气氛下以 5℃/min 的升温速率加热至改性温度，反应时间为 60min，得到改性煤焦标记为 NOC。

(2) KOH 活化

将 KOH 与氮氧共掺杂改性样品 NOC 以一定质量比混合，放置在管式炉中，通入惰性气体氮气吹扫 30min，接着以 10℃/min 的升温速率加热至 700℃，活化时间为 1h。然后在氮气气氛下降温至室温，经过酸洗、水洗至中性，最后于 110℃的烘箱干燥 12h，得到氮氧共掺杂多孔炭，标记为 NOCK-x-y，x 表示氮氧共掺杂改性温度（350℃、400℃、450℃、500℃）；y 表示 KOH 与 NOC 的质量比（0.5、1、1.5、2、3）。氮氧共掺杂多孔炭的制备实验装置如图 2-1 所示。为了验证氮氧共掺杂对多孔炭 CO_2 吸附性能的影响，同时制备对照样品未掺杂多孔炭 CK-400-1、单原子掺杂多孔炭即氮掺杂多孔炭 NCK-400-1 和氧掺杂多孔炭 OCK-400-1。

氮氧掺杂机理研究在 STA449F3 热重-质谱联用仪上进行，仪器如图 2-2 所示。将羊场湾煤与尿素以质量比 1∶1 混合，称取 10mg 置于 Al_2O_3 坩埚内，分别在氮气、空气气氛下由室温升温至 500℃，并通过质谱仪对出口气体进行分析。图 2-14 是羊场湾煤/尿素混合物在氮气或空气气氛下的热失重曲线和出口气体分析。从图 2-14(a) 可以看出，相对于在氮气气氛热解，煤/尿素混合物在空气中热解有较高的失重量，这可能是因为氮和氧掺杂过程的重整反应以及造孔过程产生的质量损失。在 125～250℃和 250～350℃有两个明显的失重峰，第一个失重峰代表大量 NH_3 以及少量的 H_2O、CO_2、NO 的释放，第二个峰代表有较多的 CO_2、NH_3、H_2O 释放。对比在氮气气氛下，煤/尿素混合物于 300～500℃在空气气氛热解的气体组分中，CO_2、NH_3、H_2O 的含量大幅度增加，而有毒气体 HCN、HCNO 明显降低。而增加的气体 CO_2、NH_3、H_2O 起到了掺杂改性和造孔的双重作用，这与后面的元素分析及比表面积、孔体积的分析结果相一致。同时，氮和氧的掺杂有效破坏了碳材料的芳香化程度，使其易与活化剂 KOH 反应。

2.2.2 微观孔结构及表面化学性质分析

2.2.2.1 扫描电镜分析

采用 JSM-7500F 场发射扫描电子显微镜和 FEI 公司的高分辨率透射电子显微镜 Tecnai G2 20 对吸附剂形貌进行表征。图 2-15 分别为原煤及氮氧改性

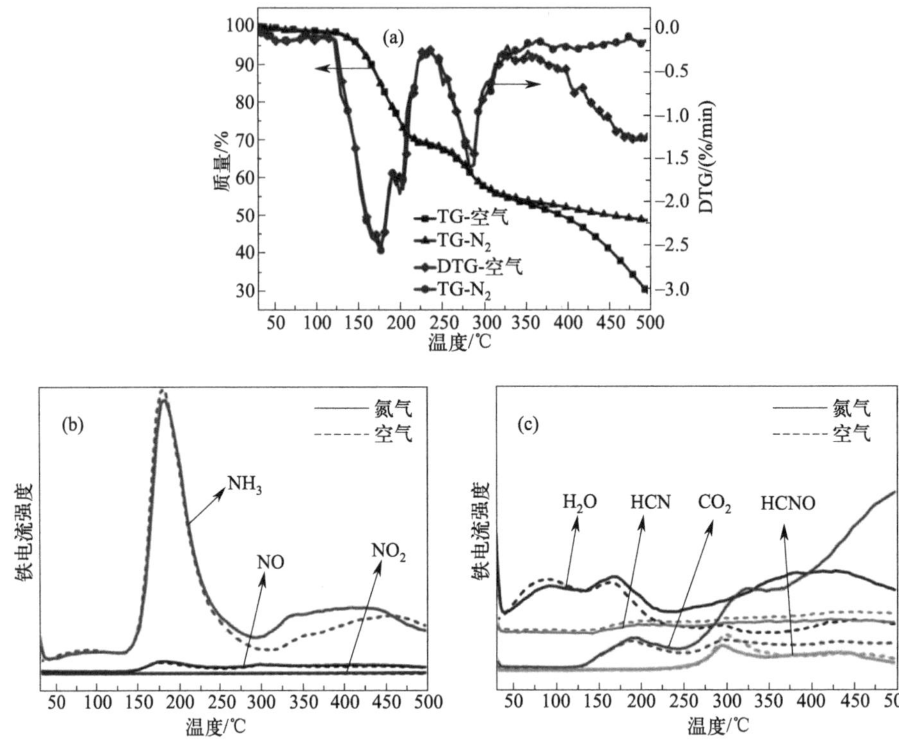

图 2-14　煤/尿素混合物在不同气氛下的热失重曲线（a）和出口气体分析（b）和（c）

煤焦 NOC-400、氮氧共掺杂多孔炭 NOCK-400-1 的扫描电镜图和 NOCK-400-1 的透射电镜图。从扫描电镜图 2-15(a)～(c) 可以看出，原煤、NOC-400、NOCK-400-1 的表观形貌有明显区别。原煤的表面平整光滑，呈块状分布，结构致密，基本观察不到孔隙结构。经氮氧改性后，可明显观察到规则的中空管状孔道结构。而经 KOH 活化后，在中空孔道结构的管壁可观察到新的孔。这主要是因为 KOH 活化过程中碳损失以及气体（CO_2、CO、H_2）的逸出。由透射电镜图 2-15(d) 可以观察到表面存在致密均匀的微孔结构。

2.2.2.2　微观孔结构分析

图 2-16 为不同 KOH 用量、改性温度条件下得到的氮氧共掺杂多孔炭及对照样品的 N_2 吸脱附等温线及孔径分布图。很显然，所有 N_2 吸脱附等温线都是典型的第Ⅰ类等温线，在相对压力 $P/P_0<0.01$ 时，N_2 吸附量迅速上升，

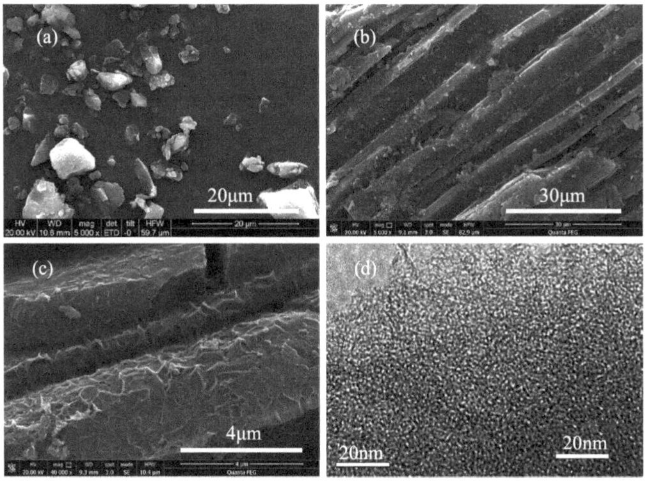

图 2-15　扫描电镜图(a)～(c)和透射电镜图（d）

(a)：原煤；(b) 氮氧改性煤焦 NOC-400（改性温度 400℃、未活化）；(c) 和 (d) 氮氧共掺杂多孔炭 NOCK-400-1（改性温度 500℃、KOH 与 NOC 的质量比为 1，活化温度为 700℃）

然后趋于平稳，表明该材料为典型的微孔材料。由于毛细效应凝聚，在接近饱和压力时，部分样品的吸附等温线有微小的回滞环出现。由图 2-16(a) 可以看到，随 KOH/NOC 质量比的增加，相同压力下的 N_2 吸附量逐渐增大。原因是 KOH 用量增加，与 NOC 反应产生更多的 CO_2、CO 等气体，使孔隙更发达。图 2-16(b) 中孔径分布曲线的峰高随 KOH/NOC 质量比增加而增强，同样说明 KOH 用量增加，多孔炭的孔隙更发达。同时，KOH/NOC 质量比在 0.5～2 范围内，NOCKs 的孔径分布趋势一致，主要集中于 0.57nm、0.78nm、1.12nm；当 KOH/NOC 质量比为 3 时，NOCK-350-3 在 0.5～0.86nm 及 0.86～3.0nm 范围内具有较宽的孔径分布。这是因为过多的 KOH 促进了钾与碳之间的氧化还原反应，使多孔炭的孔结构更丰富。

表 2-8 列出了不同 KOH 用量、改性温度得到氮氧共掺杂多孔炭及对照样品的孔结构参数，包括比表面积、孔体积、微孔体积、窄微孔体积（V_n）以及微孔体积/介孔体积比值。KOH/NOC 质量比由 1.5 增大到 3，相应的比表面积从 1156m^2/g 增大到 2898m^2/g，孔体积从 0.53cm^3/g 增大到 1.48cm^3/g，微孔体积从 0.40cm^3/g 增大到 1.00cm^3/g，这与 N_2 吸脱附曲线的分析一致。另外，KOH/NOC 质量比固定为 1.0 时，改性温度由 350℃升高至 500℃，多

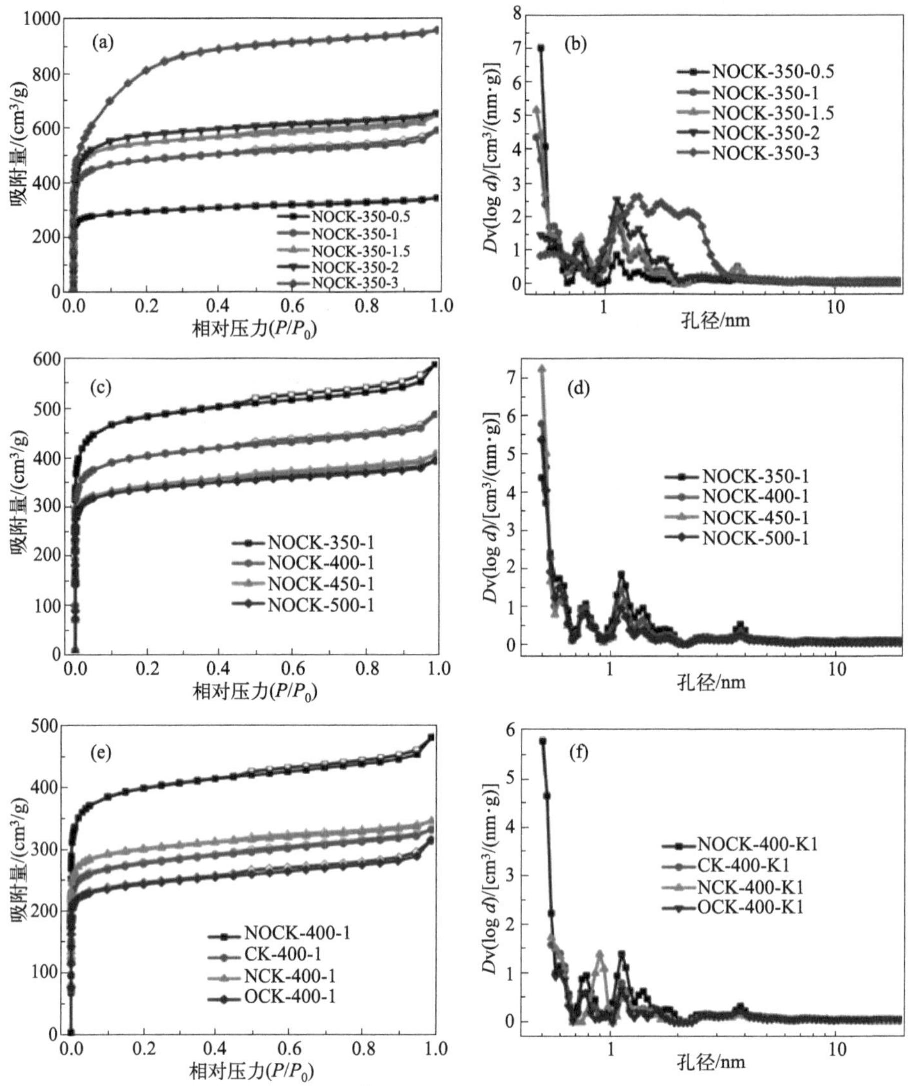

图 2-16 不同 KOH 用量、改性温度条件下制备氮氧共掺杂多孔炭的 N_2 吸脱附等温线和孔径分布曲线

孔炭比表面积和孔体积逐渐降低，微孔体积/介孔体积比值由 2.64 增大到 3.36，而微孔体积、窄微孔体积变化较小。

为了分别探究氮和氧对共掺杂多孔炭孔结构的影响，对未掺杂多孔炭 CK-400-1 及单原子掺杂多孔炭 NCK-400-1、OCK-400-1 进行孔结构表征，见图 2-

16(e) 和 (f) 和表 2-8。对比发现，NOCK-400-1 比对照样品表现出更丰富的孔隙结构。NOCK-400-1 的比表面积和孔体积相对 CK-400-1 分别增大了 43.45%、44.23%，相对 NCK-400-1 分别增大了 32.55%、38.89%。原因是氧化掺杂增加了改性煤焦的表面活性位点，易与活化剂 KOH 反应，使孔隙率增大[27,28]。此外，NOCK-400-1 的微孔体积/介孔体积比值与 CK-400-1 相同，这表明氮氧共掺杂在保持微孔体积/介孔体积比值的基础上有效增大了多孔炭的孔隙率。

表 2-8 不同 KOH 用量、改性温度条件下制备氮氧共掺杂多孔炭的孔结构参数

样品	比表面积 /(m^2/g)	孔体积 /(cm^3/g)	微孔体积 /(cm^3/g)	窄微孔①体积 /(cm^3/g)	微孔体积 /介孔体积
NOC-400	64	—	—	—	—
NOCK-350-0.5	1156	0.53	0.40	0.36	3.08
NOCK-350-1	1871	0.91	0.66	0.49	2.64
NOCK-350-1.5	2128	0.99	0.75	0.60	3.13
NOCK-350-2	2183	1.01	0.79	0.63	3.59
NOCK-350-3	2898	1.48	1.00	0.67	2.08
NOCK-400-1	1413	0.75	0.55	0.49	2.75
NOCK-450-1	1201	0.63	0.47	0.46	2.94
NOCK-500-1	1181	0.61	0.47	0.44	3.36
CK-400-1	985	0.52	0.38	0.32	2.71
NCK-400-1	1066	0.54	0.42	0.35	3.50
OCK-400-1	868	0.49	0.33	0.35	2.06

① 窄微孔是指孔径小于 1nm 的孔。

2.2.2.3 化学性质分析

表 2-9 列出了不同 KOH 用量、改性温度条件下得到氮氧共掺杂多孔炭 NOCK-400-1 及对照样品未掺杂多孔炭 CK-400-1、氮掺杂多孔炭 NCK-400-1、氧掺杂多孔炭 OCK-400-1 的 C 含量、N 含量和 O 含量。随着 KOH/NOC 质量比的增加及改性温度的升高，氮氧共掺杂多孔炭的 N 含量和 O 含量缓慢降低。这主要是因为活化造孔过程伴随着氮和氧的脱除以及脱羧交联反应过程的自组装。与 NCK-400-1 相比，NOCK-400-1 含有较高的氮和氧含量，分别为 1.17%、18.42%（质量分数）。这是因为氧化掺杂在多孔碳表面形成了大量含

氧官能团，部分含氧官能团热分解暴露了更多的活性位点，使得更多含氮自由基掺杂到碳骨架中，形成含氮官能团[28]。

表 2-9　不同 KOH 用量、改性温度条件下制备吸附剂的元素分析及 CO_2 吸附量

样品	C 含量（质量分数）/%	N 含量（质量分数）/%	O 含量（质量分数）/%	CO_2 吸附量/(mmol/g)	
				0℃	25℃
NOC-400	66.04	7.06	20.33	1.67	1.28
NOCK-350-0.5	72.26	2.20	18.88	5.36	3.78
NOCK-350-1	71.95	1.16	18.51	6.50	4.26
NOCK-350-1.5	71.68	1.26	17.99	6.49	4.04
NOCK-350-2	71.32	1.13	17.86	6.09	3.79
NOCK-350-3	70.83	1.09	17.16	5.08	3.63
NOCK-400-1	72.14	1.17	18.42	6.77	4.46
NOCK-450-1	72.35	0.96	17.57	6.45	4.34
NOCK-500-1	71.89	0.85	17.10	6.11	4.14
CK-400-1	75.59	0.58	16.19	5.62	3.85
NCK-400-1	73.38	1.07	16.38	5.22	3.80
OCK-400-1	72.80	0.64	18.07	5.25	3.72

为了探究氮氧共掺杂多孔炭合成过程中表面化学性质的演变，对原煤、氮氧共掺杂改性煤焦 NOC-400、氮氧共掺杂多孔炭 NOCK-400-1 进行 XPS 表征分析。图 2-17(a) 为原煤、NOC-400、NOCK-400-1 的 XPS 总谱图。由图发现，总谱图中分别在 285eV、400eV、532eV 处含有独立峰，分别归属于 C 1s、N 1s、O 1s，表明氮氧共掺杂多孔炭表面主要含有 C、N、O 三种元素。为了更好地理解三种元素在多孔炭材料中的赋存形态以及表面官能团的演变规律，采用分峰拟合对 C 1s 谱、N 1s 谱及 O 1s 谱进行处理。图 2-17(b)～(d) 分别为 NOCK-400-1 的 C 1s 谱、N 1s 谱及 O 1s 谱的分峰拟合结果。煤、NOC-400、NOCK-400-1 中含碳、氮、氧官能团的相对含量在表 2-10 列出。从图中可以看出，C 1s 谱主要分为 C—C/C═C、C—N/C—O 和—C═O。与原煤相比，NOC-400 和 NOCK-400-1 的 C—N/C—O、C═O 含量增大，表明氮原子和氧原子成功掺杂到碳骨架中。N 1s 谱主要分为 N-6、N-5、N-Q，NOCK-400-1 的含氮官能团中 N-5 含量最高，且文献报道 N-5 对提高 CO_2 吸附的贡献最大[15]。O 1s 谱主要包含—C═O、—OH、—C—O—C、—COOH，极性含氧

官能团的引入，增大了多孔碳表面的电子云密度，从而使碳表面与 CO_2 分子的相互作用增强[29]。

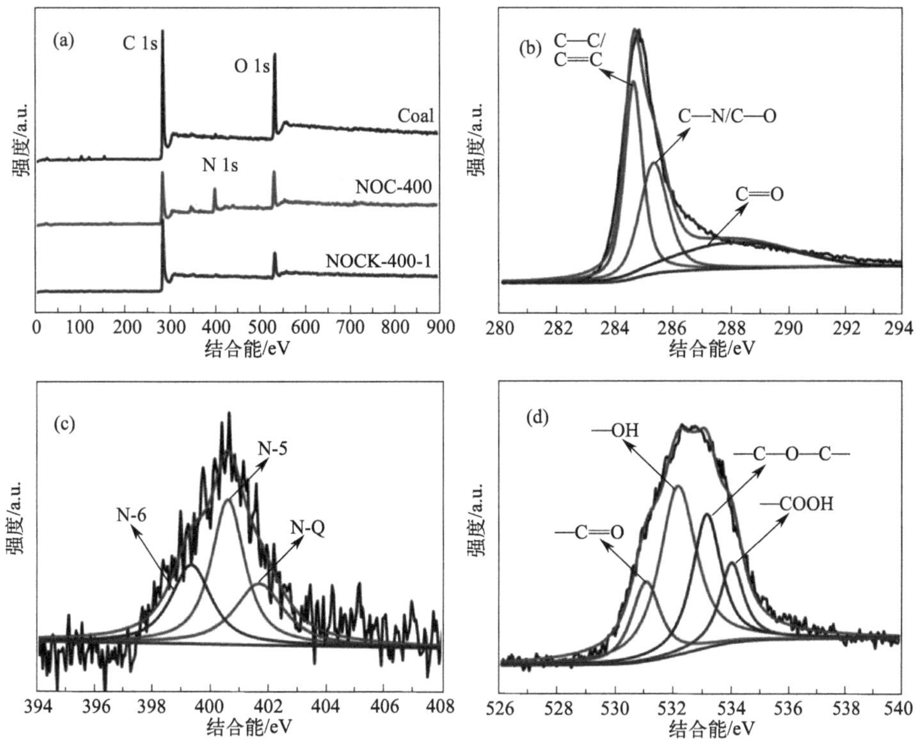

图 2-17　原煤、NOC-400、NOCK-400-1 的 XPS 总谱图（a）及 NOCK-400-1 的 C 1s 谱（b）、N 1s 谱（c）及 O 1s 谱（d）

对样品 CK-400-1、NCK-400-1、OCK-400-1 进行 XPS 谱图分析，考察氮氧共掺杂对多孔炭表面官能团的影响。表 2-10 列出了三个对照样品表面含碳、含氮、含氧官能团的相对含量。NOCK-400-1 中 N-5 的相对含量为 44.32%，高于 CK-400-1（19.36%）；N-6 的相对含量为 28.32%，高于 CK-400-1（7.45%）和 NCK-400-1（11.04%）。原因是氧掺杂增加了多孔炭表面的活性位点，使更多的氮原子掺杂到碳骨架。Shafeeyan 等[28] 曾报道类似的结论，含氧官能团热分解形成了更多的活性位点，因而在后续氨气处理过程中，使得更多氨分子或含氮自由基形成了含氮官能团。同时，碳结构苯环上类似于醚的含氧官能团很容易被—NH—取代，通过脱氢反应形成 N-6。此外，NOCK-400-1 中—OH 的相对含量（42.92%），远高于 NCK-400-1（29.34%）。这是由于空气预氧化使芳香结构发生解聚，增加了多孔炭中含氧官能团的种类和数量[13]。

表 2-10　不同对照样品中含碳、含氮、含氧官能团的相对含量

样品	含碳官能团/%			含氮官能团/%			含氧官能团/%			
	C—C/C═C	C—N/C—O	C═O	N-6	N-5	N-Q	—C═O	—OH	—C—O—C	—COOH
原煤	70.13	24.78	5.08	28.78	57.72	13.51	0.41	24.97	38.04	26.99
NOC-400	44.31	33.11	22.58	35.34	45.05	19.61	31.44	28.97	22.16	17.43
NOCK-400-1	39.74	33.40	26.85	28.32	44.32	27.37	15.92	42.92	27.16	14.00
CK-400-1	55.95	27.25	16.80	7.45	19.36	73.19	24.38	30.58	26.51	18.53
NCK-400-1	46.30	37.48	16.21	11.04	48.50	40.46	17.03	29.34	28.99	24.64
OCK-400-1	48.25	32.06	19.69	38.43	40.50	21.07	17.49	29.48	29.14	23.89

原煤及吸附剂的碳结构通过拉曼光谱表征，采用 Thermo Fisher 激光拉曼光谱仪 DXR0304040404 进行拉曼光谱测定。激发光波长为 532nm，入射激光频率为 6mW，扫描范围为 500～2500cm^{-1}。

在碳材料的拉曼光谱中，D 带和 G 带是两个典型的特征谱带，主要用来表征碳材料的无序程度和存在的缺陷。在 1320cm^{-1} 处的 D 峰代表 sp^3 杂化无序的碳，是具有一些结构缺陷的无定形碳。而在 1580cm^{-1} 处的 G 峰由 sp^2 杂化碳的振动产生。通常采用 D 峰和 G 峰的强度比（I_D/I_G）来衡量碳材料的无序度，其对多孔炭材料的吸附量及孔结构有较大影响[30]。图 2-18 为原煤、氮氧掺杂改性煤焦及不同条件下得到的多孔炭的拉曼光谱图。很显然，原煤氮氧掺杂改性和活化后，D 峰和 G 峰的强度发生明显变化，NOC-400 和 NOCK-400-1 的 D 峰强度均高于 G 峰，说明氮氧共掺杂使多孔炭材料中无定形碳增多。原煤的 I_D/I_G 为 0.92，NOC-400、NOCK-400-1 的 I_D/I_G 分别为 1.86、1.40，均高于原煤，说明氮氧共掺杂及 KOH 活化可有效破坏碳材料的石墨化程度。而单原子掺杂多孔炭 NCK-400-1、OCK-400-1 的 I_D/I_G 分别为 1.27、1.24，高于未掺杂的 CK-400-1（1.20），说明氮原子或氧原子的引入增强了多孔炭的无序化，但三组对照样品（CK-400-1、OCK-400-1、NCK-400-1）的 I_D/I_G 均低于 NOCK-400-1，说明掺杂的氮和氧在促进无定形碳形成方面起到了协同促进作用。

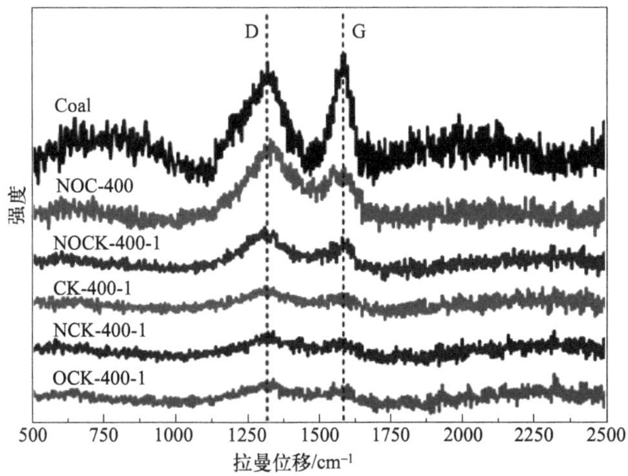

图 2-18 原煤和不同多孔炭吸附剂的拉曼光谱图

2.2.3 CO_2 吸附性能评价

为了表征氮氧共掺杂多孔炭的静态吸附性能，采用康塔全自动物理化学吸附仪 autosorb IQ 分别测定吸附剂在 0℃和 25℃、1bar 条件下的 CO_2 吸附等温线。吸附测试前，所有吸附剂在真空氛围、200℃下进行脱气预处理，脱气时间为 6h。吸附等温线的温度由 SDC-6 智能节能恒温槽及循环杜瓦瓶控制，测试压力范围是 0～1bar。同时，采用相同方法测定吸附剂的 10 次循环吸附性能。为了得到氮氧共掺杂多孔炭在 25℃的 CO_2/N_2 吸附选择性，采用上述方法测定吸附剂在 25℃、1bar 条件下的 N_2 吸附等温线。

为了满足实际烟气中 CO_2 的高效分离，吸附剂的动态吸附性能是重要参数之一。采用固定床吸附反应器测定氮氧共掺杂多孔炭在模拟烟气（15% CO_2/85% N_2，体积分数）下的动态吸附性能，吸附装置如图 2-19 所示。称取一定质量吸附剂，填充于长 40cm、内径 1cm 的吸附反应器。在氮气气氛下加热至 110℃，恒温吹扫 60min，以除去吸附剂吸附的水和 CO_2；待反应器降温至 25℃，将吹扫气切换为模拟烟气 15% CO_2/85% N_2（体积分数），流量为 30mL/min，开始吸附实验。当出气口 CO_2 浓度等于进气口 CO_2 浓度时，吸附实验完成。通过质量流量计控制气体流量，采用气相色谱仪 GC-7820 在线检测反应器出口处 CO_2 气体的浓度。

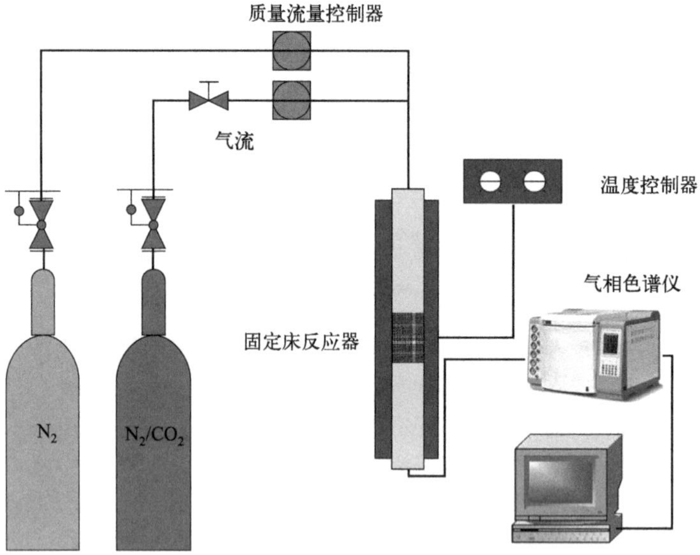

图 2-19 CO_2 穿透吸附装置

采用穿透曲线积分方程（2-8）计算吸附剂的 CO_2 吸附量：

$$q_t=\frac{F}{WV_m}\int_0^t(C_0-C_t)\mathrm{d}t\times\frac{T_0}{T} \tag{2-8}$$

式中，F 为反应器的进气流量，mL/min；W 为样品的质量，g；V_m 为气体在标准状况下的摩尔体积，22.4L/mol；t 为 CO_2 吸附时间，min；C_0、C_t 分别表示反应器入口和出口气体中 CO_2 的浓度，mol/L；q_t 为吸附时间 t 时的 CO_2 吸附量，mmol/g；T 和 T_0 分别为吸附温度、标准温度，K。

以下通过静态吸附与动态吸附表征氮氧共掺杂多孔炭的 CO_2 吸附性能、在混合气氛下的吸附选择性以及循环吸附稳定性，分析 KOH 用量、改性温度对 CO_2 吸附的影响。

2.2.3.1 CO_2 吸附量

图 2-20(a)～(c)为不同 KOH 用量、改性温度条件下制备氮氧共掺杂多孔炭在 0℃和 25℃下的 CO_2 吸附等温线。不同吸附温度、标准大气压下的 CO_2 吸附量在表 2-10 中列出。首先考察了 KOH 用量对 CO_2 吸附的影响。当 KOH/NOC 质量比为 0.5 时，NOCK-350-0.5 含有较高的氮含量（2.20%，质量分数）和氧含量（18.88%，质量分数），但由于较小的比表面积

(1156m^2/g) 和孔体积 (0.53cm^3/g)，在 0℃和 25℃的 CO_2 吸附量较低，分别为 5.36mmol/g、3.78mmol/g。这表明相对于氮氧含量，孔结构对 CO_2 吸附的影响更大。当 KOH/NOC 质量比为 1 时，NOCK-350-1 的吸附量最高，CO_2 吸附量分别为 6.50mmol/g、4.26mmol/g。当 KOH/NOC 质量比从 1 增大到 3 时，CO_2 吸附量逐渐降低。NOCK-350-3 的 CO_2 吸附量最低，是因为较低的微孔体积/介孔体积比和较宽的孔径分布。窄微孔可有效捕集 CO_2 分子，一定量的介孔可提高微孔利用率，从而增大 CO_2 吸附量，但低的微孔体积/介孔体积比使得吸附在窄微孔内的 CO_2 气体易于扩散逸出[31]。然后固定 KOH/NOC 质量比为 1，考察改性温度对 CO_2 吸附的影响。改性温度从 350℃升高到 500℃，CO_2 吸附量变化较小。这是因为不同改性温度得到的氮氧共掺杂多孔炭具有相近的微孔体积/介孔体积比和窄微孔体积。吸附量微小的变化是由氮氧含量不同造成的。以具有相近氮氧含量的多孔炭为研究对象考察微孔体积/介孔体积比和窄微孔体积与 CO_2 吸附的关系，如图 2-21 所示。从图中发现，微孔体积/介孔体积比在 2.64～3.36 范围、窄微孔体积在 0.44～0.49cm^3/g 范围内的样品均表现出较高的 CO_2 吸附性能。

为了探究氮氧共掺杂对多孔炭 CO_2 吸附的影响，对未掺杂多孔炭 CK-400-1、单原子掺杂多孔炭 NCK-400-1、OCK-400-1 进行 CO_2 吸附测试，如图 2-20(c) 所示。结合元素分析、孔结构表征，尽管 NCK-400-1 和 OCK-400-1 的氮含量或氧含量较高，但其吸附量均低于 CK-400-1。原因是 CK-400-1 含有适合的微孔体积/介孔体积比，这也表明孔结构对 CO_2 吸附的贡献更大。此外，NOCK-400-1 的吸附量远远高于 NCK-400-1，主要归因于较高的窄微孔体积以及预氧化形成了更多的含氮/氧官能团。而文献报道，窄微孔及含氮/氧官能团更有利于 CO_2 吸附[32]。

不同改性温度、不同活化剂用量条件下得到的氮氧共掺杂多孔炭中，NOCK-400-1 的 CO_2 吸附量最高，为 6.77mmol/g (0℃)、4.46mmol/g (25℃)。将 NOCK-400-1 的吸附量与文献对比，在使用相同 KOH 用量下，NOCK-400-1 的吸附量最高。这主要是因为共掺杂使碳表面产生了更多的活性位点，有效减少了 KOH 的用量。

2.2.3.2　CO_2/N_2 吸附选择性

为了考察氮氧共掺杂多孔炭在混合气氛下的吸附性能，计算其在 CO_2/N_2 条件下的 CO_2 吸附选择性，对具有较高吸附量的样品 (NOCK-350-1、

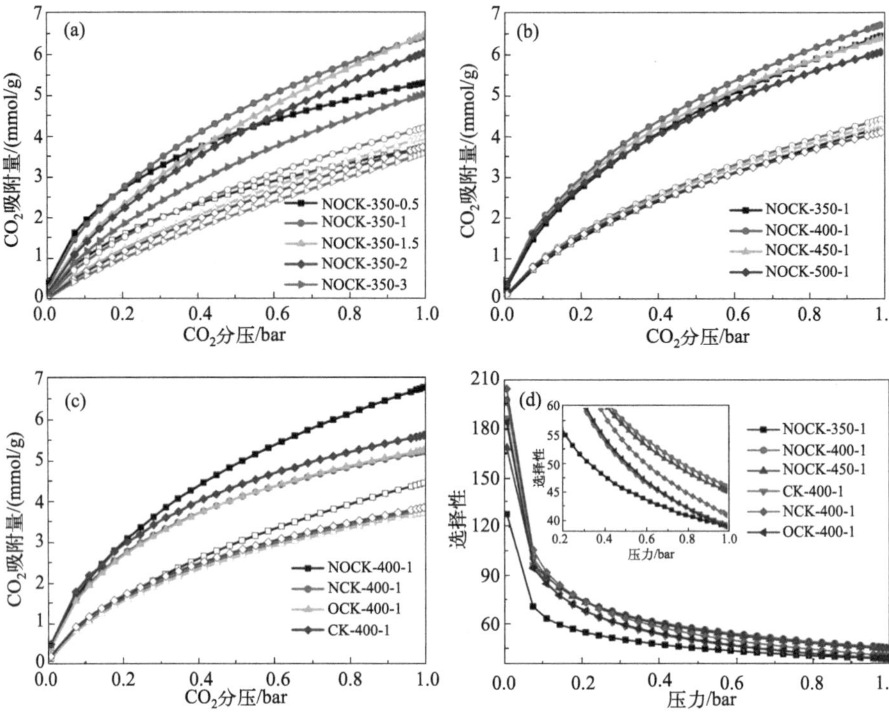

图 2-20 不同条件制备吸附剂在 0℃（实心符号）、25℃（空心符号）的吸附等温线 (a)、(b)、(c) 以及在 25℃、15% CO_2/85% N_2（体积分数）下的吸附选择性 (d)

NOCK-400-1、NOCK-450-1）和对照样品（CK-400-1、NCK-400-1、OCK-400-1）进行了 N_2 吸附曲线表征，见图 2-22。由图可以看到，每个样品的 N_2 吸附量都远低于 CO_2 吸附量。根据室温下 CO_2 和 N_2 吸附曲线，采用理想气体吸附方法计算 CO_2/N_2 吸附选择性。图 2-20(d) 反映了上述吸附剂样品在 0～1bar、15% CO_2/85% N_2（体积分数）下的吸附选择性。NOCK-400-1 的 CO_2 吸附选择性明显高于 NOCK-350-1，这主要归因于 NOCK-400-1 中较高的氮氧含量及适合的孔结构。NCK-400-1 的 CO_2 吸附选择性高于 CK-400-1，而 OCK-400-1 的 CO_2 吸附选择性与 CK-400-1 相当，这表明 N 元素是影响 CO_2 选择性吸附的重要因素。此外，NOCK-400-1 的 CO_2 吸附选择性明显高于三组对照样品（CK-400-1、NCK-400-1 和 OCK-400-1）。上述讨论表明，氮氧共掺杂有效促进了 CO_2 的选择性吸附。

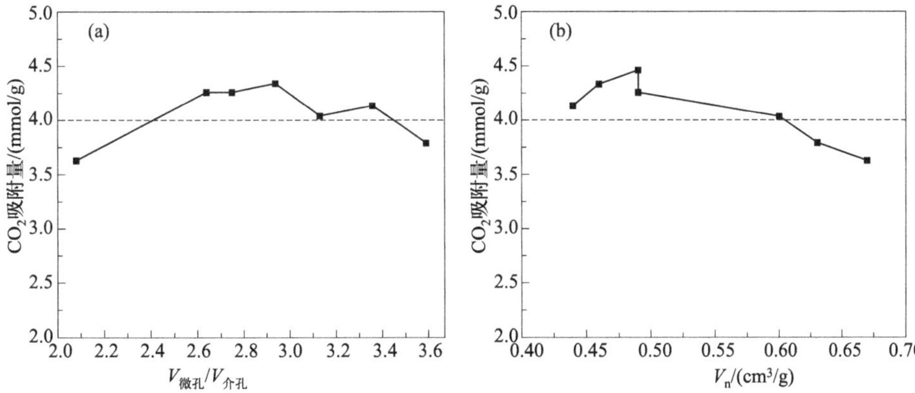

图 2-21　氮氧共掺杂多孔炭在室温下 CO_2 吸附量与孔结构的关系

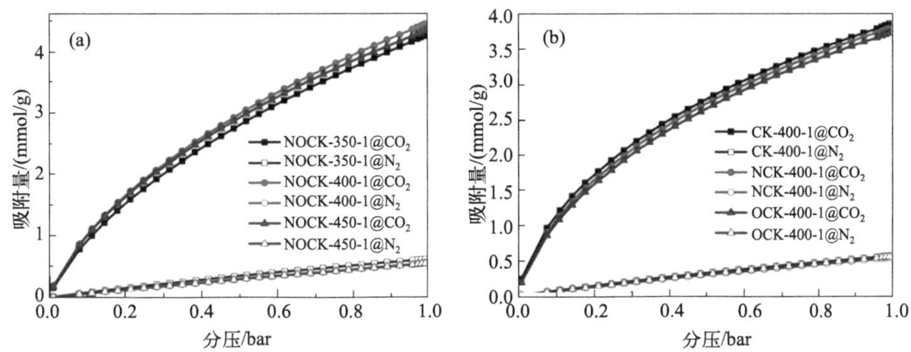

图 2-22　不同多孔炭吸附剂在 25℃时的 CO_2、N_2 吸附等温线

2.2.3.3　循环吸附性能

CO_2 吸附稳定性以及再生性能是氮氧共掺杂多孔炭进行工业化应用的重要指标。对具有较高吸附量的吸附剂 NOCK-350-1、NOCK-400-1 和 NOCK-450-1 进行 10 次循环吸附测试。图 2-23(a) 反映了吸附剂在 25℃ 10 次循环吸附过程中 CO_2 吸附量的变化。吸附剂 NOCK-350-1、NOCK-400-1 和 NOCK-450-1 均表现出良好的吸附稳定性。其中，NOCK-400-1 经 10 次吸附循环后，CO_2 吸附量仅降低 2.01%。

为了进一步表征吸附剂 NOCK-400-1 循环前后孔结构及表面化学性质的变化，对循环后的样品进行扫描电镜、元素分析、XPS 表征。图 2-24 为扫描电镜图片，对比了新鲜吸附剂与循环后吸附剂的表观形貌。吸附剂表观形貌没有发生明显变化，都呈现管状孔道结构，管壁存在大小不一的孔。表 2-11 列出了新鲜吸附剂与循环后吸附剂的氮氧含量以及不同官能团的相对含量。循环后吸附剂的氮氧含量分别为 1.15%、18.45%（体积分数），与新鲜吸附剂（1.17%、18.42%）相差甚小。同时循环后吸附剂与新鲜吸附剂的含碳、氮、氧官能团相对含量变化较小。这表明吸附剂 NOCK-400-1 在循环过程中具有稳定的孔结构和表面化学性质。

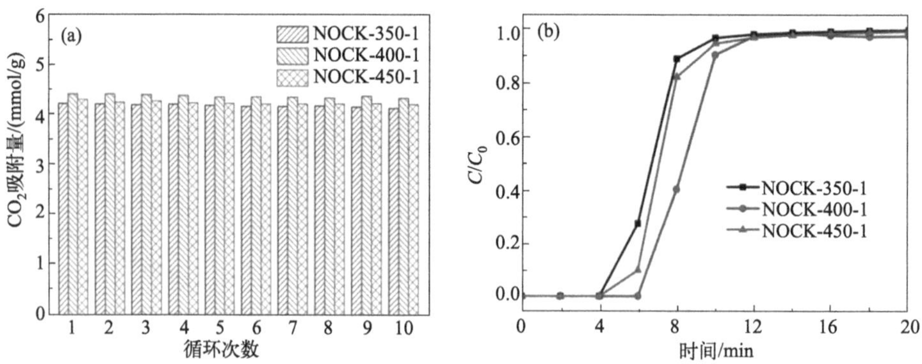

图 2-23 吸附剂 NOCK-350-1、NOCK-400-1 和 NOCK-450-1 的循环吸附(a)及动态吸附性能(b)

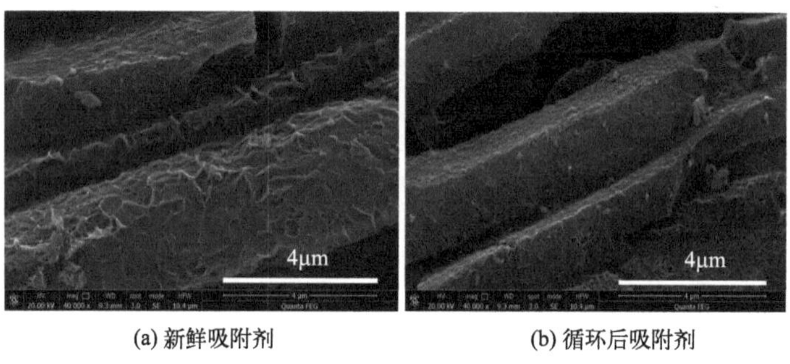

(a) 新鲜吸附剂 (b) 循环后吸附剂

图 2-24 NOCK-400-1 10 次吸附循环前后的扫描电镜图

表 2-11 NOCK-400-1 10 次循环前后的表面化学性质

样品	含碳官能团/%			含氮官能团/%			含氧官能团/%			
	C—C /C═C	C—N /C—O	C═O	N-6	N-5	N-Q	—C═O	—OH	—C—O—C	—COOH
新鲜吸附剂 NOCK-400-1	39.74	33.40	26.85	28.32	44.32	27.37	15.92	42.92	27.16	14.00
循环后吸附剂 NOCK-400-1	41.05	33.95	25.00	29.46	44.44	26.09	16.56	43.14	25.83	14.47

2.2.3.4 动态吸附性能

采用固定床反应器测试氮氧共掺杂多孔炭在 25℃、模拟烟气（15% CO_2/85% N_2，体积分数）下的穿透吸附曲线，见图 2-23（b）。从图中可以看到，在吸附初期反应器出口未检测到 CO_2，表明初期 CO_2 被完全吸附；吸附 4min 后，反应器出口开始有 CO_2 出现。经式(2-8) 积分计算，NOCK-350-1、NOCK-400-1、NOCK-450-1 的饱和吸附量分别为 1.28mmol/g、1.65mmol/g、1.42mmol/g。

2.2.4 吸附等温线与热力学研究

为了研究氮氧共掺杂多孔炭的吸附行为，采用吸附等温线模型对 NOCK-400-1 在不同温度下的 CO_2 吸附等温线进行拟合。吸附等温线方程如下：

Langmuir 等温线模型[33]：

$$q_e=\frac{q_m K_L P}{1+K_L P} \tag{2-9}$$

式中，q_e 为平衡吸附量，mmol/g；q_m 为最大吸附量，mmol/g；P 为平衡吸附压力，atm；K_L 为 Langmuir 常数，atm^{-1}。

Freundlich 等温线模型[33]：

$$q_e=K_F P^{1/n} \tag{2-10}$$

式中，K_F 为 Freundlich 常数，mmol/(g·$atm^{1/n}$)；n 为吸附强度。

Temkin 等温线模型[33]：

$$q_e=B\ln(K_T P) \tag{2-11}$$

式中，K_T 为 Temkin 常数，atm^{-1}；B 为与吸附热关联的常数。

Toth 等温线模型[7]：

$$q_e=\frac{q_m bP}{[1+(bP)^n]^{1/n}} \tag{2-12}$$

式中，b 为吸附力，bar^{-1}；n 反映了体系的多相性。

图 2-25 和表 2-12 反映了吸附等温线模型对实验数据的拟合结果。表 2-14 中 Langmuir 和 Freundlich 等温线模型与吸附实验数据拟合系数达到 0.99 以上，表明在吸附剂表面同时存在 CO_2 单层吸附与多层吸附[19]。常数 K_L、K_F 随温度升高而降低，意味着 CO_2 在多孔炭表面的吸附过程为物理吸附。

Temkin 等温线模型与实验数据的拟合系数较低，不适用于描述多孔炭的 CO_2 吸附行为。Toth 等温线模型是针对非均相体系由 Langmuir 模型衍生的[34]，与不同温度下的吸附数据拟合精度最高，拟合系数接近 0.9999。这表明氮氧共掺杂多孔炭表面活性位点是不均匀存在的。

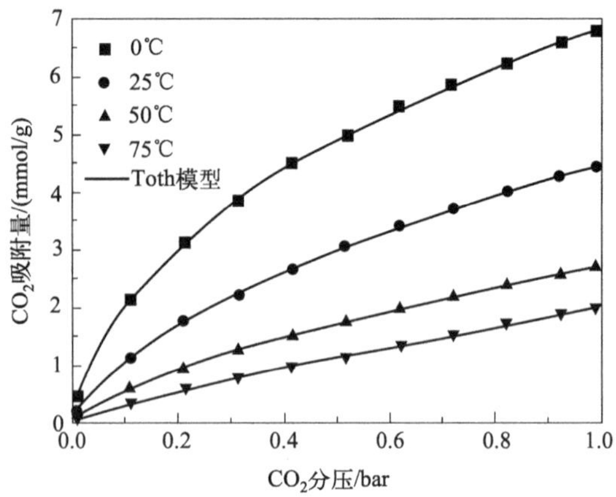

图 2-25 NOCK-400-1 在不同吸附温度下实验和拟合的吸附等温线

表 2-12 NOCK-400-1 的 CO_2 吸附等温线参数

模型	参数	温度/℃			
		0	25	50	75
Langmuir	q_m/(mmol/g)	9.8564	7.8619	5.6388	6.7312
	K_L/(1/atm)	2.0854	1.2697	0.8901	0.4164
	R^2	0.9943	0.9969	0.9980	0.9978
Freundlich	K_F/[mmol/(g·atm$^{1/n}$)]	6.9028	4.5526	2.7159	2.0008
	n	1.9471	1.6290	1.4627	1.2429
	R^2	0.9977	0.9989	0.9995	0.9998
Temkin	K_T/(1/atm)	43.5404	32.7544	50.5389	43.2644
	B	1.6572	1.1390	0.5755	0.4226
	R^2	0.9057	0.8661	0.8173	0.7618
Toth	q_m	44.8540	65.4022	189.4784	376.3633
	b/(1/bar)	1.9952	0.4743	0.0889	0.0131
	n	0.3134	0.3030	0.24171	0.2831
	R^2	0.9999	0.9999	0.9999	0.9994

根据 0℃和 25℃的 CO_2 吸附等温线、采用克劳修斯-克拉佩龙方程计算 NOCK-350-1、NOCK-400-1、NOCK-450-1 的 CO_2 吸附热，如图 2-26 所示。NOCK-350-1、NOCK-400-1、NOCK-450-1 的吸附热范围分别为 35.43～22.50kJ/mol、30.62～23.73kJ/mol、28.62～22.99kJ/mol，均低于化学键的键能，表明 CO_2 在氮氧共掺杂多孔炭表面的吸附行为属于典型的物理吸附。吸附热随着吸附量的增大而逐渐降低，表明 CO_2 与多孔炭表面的结合能是非均相的。在 CO_2 吸附量较低时，吸附热较高，表明 CO_2 分子与多孔炭表面具有较强的相互作用[35,36]。在 CO_2 吸附量较高时，吸附热偏低，表明其具有较好的脱附性能，进一步验证了循环吸附过程的稳定性。

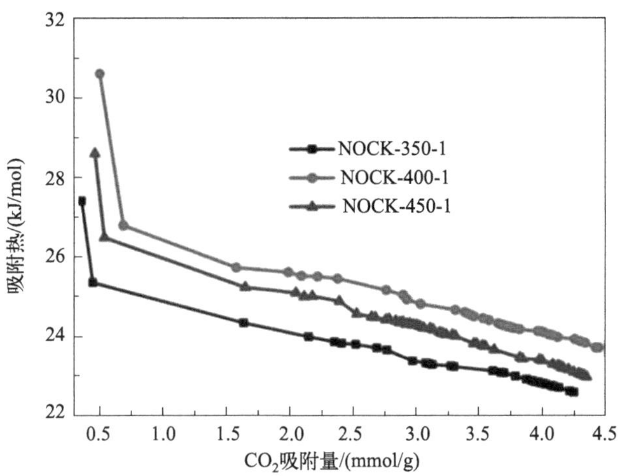

图 2-26　吸附剂 NOCK-350-1、NOCK-400-1 和 NOCK-450-1 的 CO_2 吸附热

2.2.5　氮氧共掺杂协同促进机理

氮氧共掺杂多孔炭具有优异的 CO_2 吸附性能。为了进一步说明多孔炭表面与 CO_2 分子间的相互作用，采用密度泛函理论 CO_2 吸附构象、吸附位点，计算碳表面与 CO_2 分子的结合能，对比纯碳表面、氮掺杂碳表面、氧掺杂碳表面、氮氧共掺杂碳表面分别与 CO_2 分子的结合能大小。

密度泛函理论计算过程包括构象优化和能量计算。采用 M06-2X/6-31G（d,p）基组进行构象优化、能量和降密度梯度（RDG）计算[37]。所有计算采用自洽场分子轨道（SCF-MO）方法。根据元素分析及 XPS 分析结果，分别建立纯碳表面、氮掺杂碳表面、氧掺杂碳表面、氮氧共掺杂碳表面理论模型。然后对碳表面模型、CO_2 分子、碳表面与 CO_2 分别进行结构优化、能量计算。吸附能（E_{ad}）即结合能可通过式(2-13) 计算得到：

$$E_{ad}=E_{sorbent+gas}-E_{sorbent}-E_{gas} \tag{2-13}$$

式中，$E_{sorbent+gas}$、$E_{sorbent}$、E_{gas} 分别代表吸附剂表面与 CO_2 分子、单独吸附剂、单独 CO_2 分子的能量。吸附能 E_{ad} 的数值越大，表明气体分子与吸附剂的相互作用越强。

以具有较高 N-5 含量的多孔炭为例，对纯碳表面、N-5 掺杂的碳表面、N-5 和含氧官能团共掺杂的碳表面进行 CO_2 吸附构象优化及吸附能计算，如图 2-27 所示。同时表 2-13 列出了不同多孔炭模型密度泛函理论定性计算数据。对比纯碳表面不同构象下 CO_2 吸附能的绝对值，CO_2 分子更倾向于平行吸附在碳表面图 2-27(a)，吸附能为－16.95kJ/mol，而边缘图 2-27(b) 吸附能为

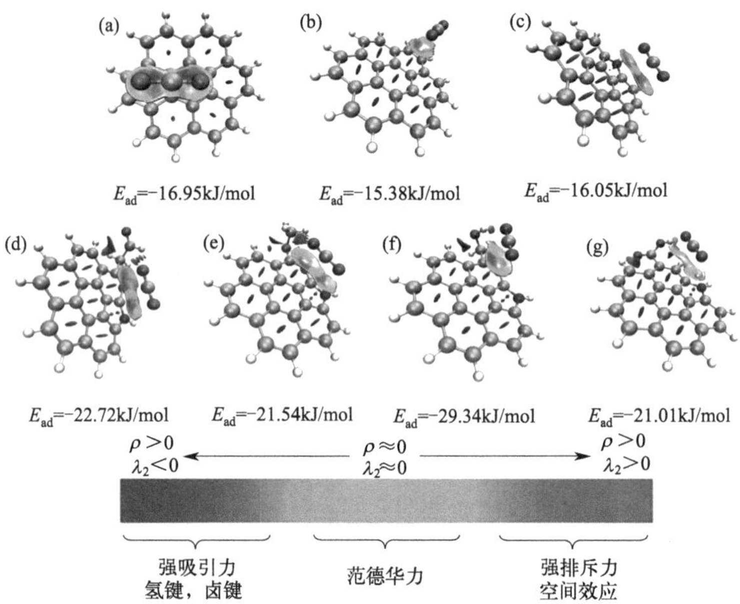

图 2-27　等值面为 0.5 的 CO_2 吸附复合体系彩色填充 RDG

(a) 纯碳表面上的 CO_2 平行吸附；(b) 纯碳表面上 CO_2 边缘吸附；(c) N-5 掺杂碳表面对 CO_2 的边缘吸附；(d) N-5 和—C═O 共掺杂碳表面的 CO_2 边缘吸附；(e) N-5 和—C—O—C 共掺杂碳表面的 CO_2 边缘吸附；(f) N-5 和—OH 共掺杂碳表面对 CO_2 的边缘吸附；(g) N-5 和—COOH 共掺杂碳表面的 CO_2 边缘吸附

－15.38kJ/mol。N-5 掺杂碳表面图 2-27(c) 对 CO_2 有较强的结合力，吸附能为－16.05kJ/mol。然而，N-5、含氧官能团共掺杂碳表面与 CO_2 的吸附能显著提高，N-5/—C ═O、N-5/—C—O—C、N-5/—OH、N-5/—COOH 掺杂碳表面的 CO_2 吸附能分别为－22.72kJ/mol、－21.54kJ/mol、－29.34kJ/mol、－21.01kJ/mol。吸附能的绝对值与 NOCK-400-1 的吸附热一致，计算结果与实验吻合，再次证实了共掺杂多孔炭具有优异的吸附性能。

非共价相互作用在 CO_2 吸附过程中起关键作用，因此对 CO_2 吸附体系进行密度梯度分析（图 2-27）。利用这种方法，可以直接描述 CO_2 分子与多孔炭表面的相互作用力。对于 N-5 掺杂碳表面，在 CO_2 分子与 N 掺杂碳表面图 2-27(c) 之间仅检测到色散相互作用。对于 N-5 和含氧官能团共掺杂的碳表面图 2-27(d)～(g)，检测到 CO_2 分子与含氧官能团之间的静电吸引力以及 CO_2 分子与掺杂碳表面的色散相互作用。因此，N-5 和含氧官能团共掺杂碳表面与 CO_2 分子的吸附能明显增大，这也解释了氮氧共掺杂碳表面对 CO_2 分子吸附有协同增强的作用。

表 2-13　不同掺杂类多孔炭模型的 CO_2 吸附能计算

吸附构象	$E_{sorbent+gas}$/(kJ/mol)	$E_{sorbent}$/(kJ/mol)	E_{gas}/(kJ/mol)	E_{ad}/(kJ/mol)
a	－2914462.28	－2419514.88	－494930.45	－16.95
b	－2914460.71	－2419514.88	－494930.45	－15.38
c	－2856454.71	－2361508.21	－494930.45	－16.05
d	－3257040.08	－2762086.91	－494930.45	－22.72
e	－3157014.94	－2662062.95	－494930.45	－21.54
f	－3157044.94	－2662085.15	－494930.45	－29.34
g	－3351374.74	－2856423.28	－494930.45	－21.01

2.3　小结

① 微孔结构是影响杂原子掺杂类多孔炭室温下吸附 CO_2 的主要因素。CO_2 吸附量与小于 1.02nm 孔的累计孔体积呈正相关。孔径分布是影响多孔炭吸附 CO_2 的另一因素，在满足较高窄微孔体积的基础上，微孔体积与介孔体积比在 2.64～3.36 范围内的多孔炭表现出较高的 CO_2 吸附量。

② 引入杂原子 N、O，提高了多孔炭在室温下的 CO_2 吸附选择性。含氮

官能团、含氧官能团同时存在，特别是 N-5 和—OH，对 CO_2 吸附性能的提高起到了协同促进作用。同时，共掺杂方法增加了多孔炭的孔隙率使 CO_2 吸附量及 CO_2/N_2 吸附选择性明显提高。

③ 在 25℃、1bar 时杂原子掺杂多孔炭吸附 CO_2 动力学符合 Pseudo-first-order 模型和 Avrami′s 分数阶动力学模型。氮掺杂或氮氧共掺杂多孔炭材料吸附 CO_2 的行为是受扩散控制的、单层吸附和多层吸附同时存在的物理吸附过程。杂原子掺杂多孔炭表面与 CO_2 分子结合主要依靠范德华力，其吸附能明显高于未掺杂多孔炭。

参考文献

[1] Chen J, Yang J, Hu G S, et al. Enhanced CO_2 capture capacity of nitrogen-doped biomass-derived porous carbons [J]. ACS Sustainable Chemistry & Engineering, 2016, 4 (3): 1439-1445.

[2] Peyravi M. Synthesis of nitrogen doped activated carbon/polyaniline material for CO_2 adsorption [J]. Polymers for Advanced Technologies, 2018, 29 (1): 319-328.

[3] Shen W Z, Zhang S, He Y, et al. Hierarchical porous polyacrylonitrile-based activated carbon fibers for CO_2 capture [J]. Journal of Materials Chemistry, 2011, 21 (36): 14036-14040.

[4] Shen W Z, Hu T P, Fan W B. Cellulose generated-microporous carbon nanosheets with nitrogen doping [J]. RSC Advances, 2014, 4 (18): 9126-9132.

[5] Tian Z H, Huang J H, Zhang X, et al. Ultra-microporous N-doped carbon from polycondensed framework precursor for CO_2 adsorption [J]. Microporous and Mesoporous Materials, 2018, 257: 19-26.

[6] Shao L S, Liu M Q, Huang J H, et al. CO_2 capture by nitrogen-doped porous carbons derived from nitrogen-containing hyper-cross-linked polymers [J]. Journal of Colloid and Interface Science, 2018, 513: 304-313.

[7] Serafin J, Narkiewicz U, Morawski A W, et al. Highly microporous activated carbons from biomass for CO_2 capture and effective micropores at different conditions [J]. Journal of CO_2 Utilization, 2017, 18: 73-79.

[8] Hu X, Radosz M, Cychosz K A, et al. CO_2-filling capacity and selectivity of carbon nanopores: synthesis, texture, and pore-size distribution from quenched-solid density functional theory (QSDFT) [J]. Environmental Science & Technology, 2011, 45 (16): 7068-7074.

[9] Wang M, Fan X Q, Zhang L X, et al. Probing the role of O-containing groups in CO_2 adsorption of N doped porous activated carbon [J]. Nanoscale, 2017, 9 (44): 17593-17600.

[10] Rashidi N A, Yusup S. An overview of activated carbons utilization for the post-combustion carbon dioxide capture [J]. Journal of CO_2 Utilization, 2016, 13: 1-16.

[11] Ding S, Liu Y X. Adsorption of CO_2 from flue gas by novel seaweed-based KOH-activated porous biochars [J]. Fuel, 2020, 260. 10. 1016/j. fuel. 2019. 116382.

[12] Parshetti G K, Chowdhury S, Balasubramanian R. Biomass derived low-cost microporous adsorbents for efficient CO_2 capture [J] . Fuel, 2015, 148: 246-254.

[13] Liu D D, Gao J H, Cao Q X, et al. Improvement of activated carbon from Jixi bituminous coal by air preoxidation [J] . Energy & Fuels, 2017, 31 (2): 1406-1415.

[14] Luo L, Chen T, Li Z, et al. Heteroatom self-doped activated biocarbons from fir bark and their excellent performance for carbon dioxide adsorption [J] . Journal of CO_2 Utilization, 2018, 25: 89-98.

[15] Sánchez-Sánchez Á, Suárez-García F, Martínez-Alonso A, et al. Influence of porous texture and surface chemistry on the CO_2 adsorption capacity of porous carbons: acidic and basic site interactions [J] . ACS Applied Materials & Interfaces, 2014, 6 (23): 21237-21247.

[16] Yaumi A L, Bakar M Z A, Hameed B H. Reusable nitrogen-doped mesoporous carbon adsorbent for carbon dioxide adsorption in fixed-bed [J] . Energy, 2017, 138: 776-784.

[17] Simonin J. On the comparison of pseudo-first order and pseudo-second order rate laws in the modeling of adsorption kinetics [J] . Chemical Engineering Journal, 2016, 300: 254-263.

[18] Tiwari D, Bhunia H, Bajpai P K. Development of chemically activated N-enriched carbon adsorbents from urea-formaldehyde resin for CO_2 adsorption: Kinetics, isotherm, and thermodynamics [J] . Journal of Environmental Management, 2018, 218: 579-592.

[19] Tiwari D, Goel C, Bhunia H, et al. Melamine-formaldehyde derived porous carbons for adsorption of CO_2 capture [J] . Journal of Environmental Management. 2017, 197: 415-427.

[20] Tiwari D, Bhunia H, Bajpai P K. Adsorption of CO_2 on KOH activated, N-enriched carbon derived from urea formaldehyde resin: kinetics, isotherm and thermodynamic studies [J] . Applied Surface Science, 2018, 439: 760-771.

[21] Zhang G J, Zhao P Y, Hao L X, et al. Amine-modified SBA-15 (P): A promising adsorbent for CO_2 capture [J] . Journal of CO_2 Utilization, 2018, 24: 22-33.

[22] Sun Y H, Li K X, Zhao J H, et al. Nitrogen and sulfur co-doped microporous activated carbon macro-spheres for CO_2 capture [J] . Journal of Colloid and Interface Science, 2018, 526: 174-183.

[23] Bandosz T J, Seredych M, Rodriguez-Castellon E, et al. Evidence for CO_2 reactive adsorption on nanoporous S- and N-doped carbon at ambient conditions [J] . Carbon, 2016, 96: 856-863.

[24] Lu J T, Jiao C L, Majeed Z, et al. Magnesium and nitrogen co-doped mesoporous carbon with enhanced microporosity for CO_2 adsorption [J] . Nanomaterials, 2018, 8 (5): 1-10.

[25] Liu Y Y, Wilcox J. Effects of surface heterogeneity on the adsorption of CO_2 in microporous carbons [J] . Environmental Science & Technology, 2012, 46 (3): 1940-1947.

[26] Jiménez-Cordero D, Heras F, Gilarranz M A, et al. Grape seed carbons for studying the influence of texture on supercapacitor behaviour in aqueous electrolytes [J] . Carbon, 2014, 71: 127-138.

[27] Wang J F, Jin L J, Li Y, et al. Effect of air pre-oxidization on coal-based activated carbon for methane decomposition to hydrogen [J] . International Journal of Hydrogen Energy, 2016, 41 (25): 10661-10669.

[28] Shafeeyan M S, Daud W M A W, Houshmand A, et al. Ammonia modification of activated carbon to enhance carbon dioxide adsorption: Effect of pre-oxidation [J] . Applied Surface Science,

2011, 257 (9): 3936-3942.

[29] Wang H B, Maiyalagan T, Wang X. Review on recent progress in nitrogen-doped graphene: synthesis, characterization, and its potential applications [J] . ACS Catalysis, 2012, 2 (5): 781-794.

[30] Chen B L, Yang Z X, Ma G P, et al. Heteroatom-doped porous carbons with enhanced carbon dioxide uptake and excellent methylene blue adsorption capacities [J] . Microporous and Mesoporous Materials, 2018, 257: 1-8.

[31] Wang Y X, Hu X D, Hao J, et al. Nitrogen and oxygen codoped porous carbon with superior CO_2 adsorption performance: A combined experimental and DFT calculation study [J]. Industrial & Engineering Chemistry Research, 2019, 58 (29): 13390-13400.

[32] Ashourirad, B, Arab, P, Islamoglu, T, et al. A cost-effective synthesis of heteroatom-doped porous carbons as efficient [J] . Journal of Materials Chemistry A, 2016, 4 (38): 14693-14702.

[33] Singh J, Bhunia H, Basu S. CO_2 adsorption on oxygen enriched porous carbon monoliths: Kinetics, isotherm and thermodynamic studies [J] . Journal of Industrial and Engineering Chemistry, 2018, 60: 321-332.

[34] Serafin J, Narkiewicz U, Morawski A W, et al. Highly microporous activated carbons from biomass for CO_2 capture and effective micropores at different conditions [J] . Journal of CO_2 Utilization, 2017, 18: 73-79.

[35] Luo L, Chen T, Li Z, et al. Heteroatom self-doped activated biocarbons from fir bark and their excellent performance for carbon dioxide adsorption [J] . Journal of CO_2 Utilization, 2018, 25: 89-98.

[36] Tiwari D, Bhunia H, Bajpai P K. Adsorption of CO_2 on KOH activated, N-enriched carbon derived from urea formaldehyde resin: kinetics, isotherm and thermodynamic studies [J] . Applied Surface Science, 2018, 439: 760-771.

[37] Gao H F, Feng W, Li X L, et al. Insights into the non-covalent interaction between modified nucleobases and graphene nanoflake from first-principles [J] . Physica E: Low-dimensional Systems and Nanostructures, 2019, 107: 73-79.

第3章

四乙烯五胺改性介孔炭材料

固体胺吸附剂，即将有机胺溶剂浸渍到多孔材料内，可在烟气温度范围内实现 CO_2 高效捕集分离。因而采用有机胺改性多孔炭，可提高动态吸附性能，减少能耗。用于固体胺吸附剂制备的有机胺种类很多，其中 TEPA 具有较高的胺密度、较低的黏度[1]，常被浸渍于介孔硅、分子筛、多孔炭等用于 CO_2 吸附。已有研究报道，微介孔可增加 TEPA 负载量，较高的胺负载量可有效提高 CO_2 吸附量，而较大介孔可为 CO_2 扩散提供通道[2]。因此多孔炭的孔结构对有机胺负载及改性后吸附剂的性能起关键作用。

然而，除较高比例的 CO_2、N_2 外，烟气中还含有 9%～12%的水蒸气[3]。研究水蒸气对胺改性多孔炭吸附剂 CO_2 吸附性能的影响具有重要意义。Wang 等[3] 报道，10%的水蒸气使 CO_2 吸附量增加是由于碳酸氢盐的形成。Irani 等[4] 得出结论，烟气中水蒸气含量超过 1%时，CO_2 吸附量会下降。而 Liu 等[5] 则认为水蒸气在吸附剂表面形成水膜，吸附产物易堵塞孔道，抑制 CO_2 扩散，导致吸附量降低。由此可见，水蒸气对固体胺吸附剂的影响机制仍存在争议，且缺少含水烟气下的动力学研究。

本章将介绍 TEPA 改性介孔炭材料在模拟烟气下的动态吸附性能，同时探讨水蒸气对吸附的影响。

3.1 TEPA 浸渍介孔炭在模拟烟气下的吸附性能

本节以羊场湾煤经空气预氧化和水蒸气活化制备的介孔炭为载体，负载

TEPA 作为 CO_2 吸附剂，分析 TEPA 负载量、吸附温度对 CO_2 吸附的影响，研究不同水蒸气含量下的 CO_2 动态吸附性能及吸附动力学，通过密度泛函理论计算及红外光谱探究模拟烟气下的 CO_2 吸附机理，并总结水蒸气对 CO_2 吸附的影响机制。

3.1.1 TEPA 负载介孔炭的制备

（1）介孔炭的制备

将羊场湾煤筛分出粒径为 150～300μm 的部分，使用前于 100℃烘箱内干燥 12h。称取 10g 干燥的煤粉置于 200℃马弗炉内进行预氧化 15h。然后置于图 3-1 所示的固定床反应器中，在氮气气氛下加热至 700℃，然后向反应器通入水蒸气并保持 1h，最后经氮气吹扫降至室温，得到分级介孔炭，标记为 HMC。

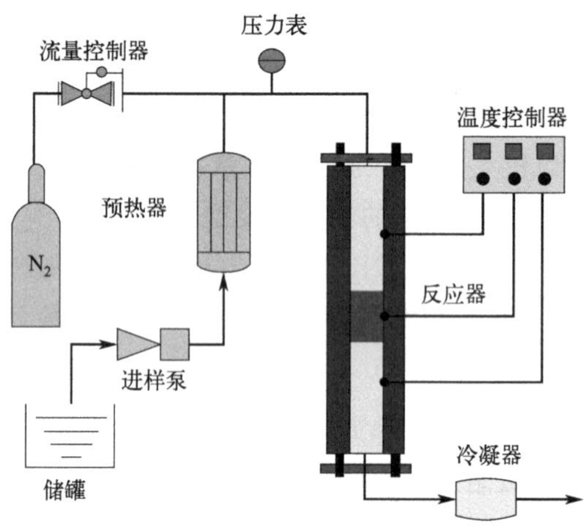

图 3-1　介孔炭的制备装置图

（2）TEPA 浸渍改性

采用湿法浸渍进行改性实验。称取一定质量 TEPA，溶于 10mL 乙醇中，超声处理 30min，然后向溶液中加入 1g 分级介孔炭，经磁力搅拌 3h，最后放置于 80℃的真空干燥箱进行干燥，干燥时间为 12h，得到的样品标记为 HMC-xTEPA，其中 x（x=10、20、30、40）代表负载 TEPA 的质量分数。

3.1.2 吸附剂的孔结构参数及化学特性

3.1.2.1 扫描电镜图

图 3-2 为分级介孔炭负载 TEPA 前后的扫描电镜图和负载 30%TEPA 的介孔炭中氮原子的能量分布图。由图 3-2(a) 和 (b) 可以看到，分级介孔炭表面粗糙，呈现均匀分布的孔隙结构。而负载 TEPA 后，图 3-2(c) 中吸附剂表面光滑，表面孔结构减少，这是由于 TEPA 填充了吸附剂载体的孔道。同时从图 3-2(d) 可观察到，负载 30%TEPA 的介孔炭表面氮原子均匀分布，表明 TEPA 均匀分布于载体分级介孔炭上。

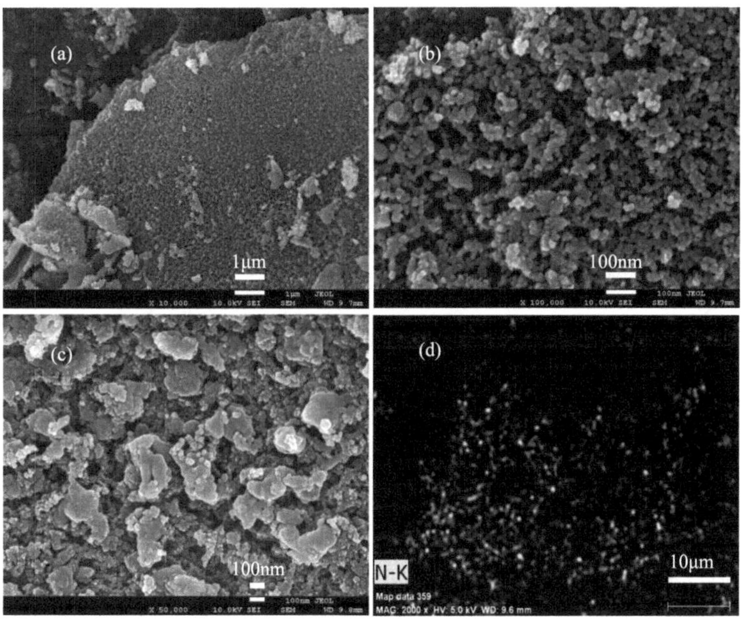

图 3-2　不同吸附剂的扫描电镜图

(a) 和 (b) 是羊场湾煤制备的分级介孔炭 HMC；(c) 是负载 30%TEPA 的介孔炭 HMC-30TEPA；(d) 是 HMC-30TEPA 中氮原子的能量分布图

3.1.2.2 氮气吸附曲线、孔径分布表征

采用氮气吸脱附曲线及孔径分布曲线分析吸附剂的微观孔结构，如图 3-3 所示。图 3-3(a) 中分级介孔炭和负载 TEPA 的介孔炭的吸附等温线均带有明显的回滞环，属于典型的Ⅳ类吸附曲线。这表明这两类吸附剂的孔结构以介孔

为主，孔隙形态以半径较窄、开孔的圆柱形孔为主[6]。表 3-1 列出了吸附剂的比表面积、孔体积和主要孔径。载体介孔炭的比表面积、孔体积分别为 481m²/g、0.74cm³/g。结合图 3-3(b) 孔径分布曲线可以看出，载体介孔炭的孔分布于 1～20nm 内，主要孔径为 3.46nm、5.20nm、7.45nm、10.68nm。负载 TEPA 后，吸附等温线中 N_2 吸附量逐渐减少，相应的比表面积、孔体积也降低。但当 TEPA 负载量低于 30%时，吸附剂主要孔径几乎保持不变，表明 TEPA 均匀分布于分级介孔炭孔道内。而当 TEPA 负载量高于 30%时，3.46nm 的孔消失，这是因为 TEPA 堵塞了载体的微孔及微介孔。

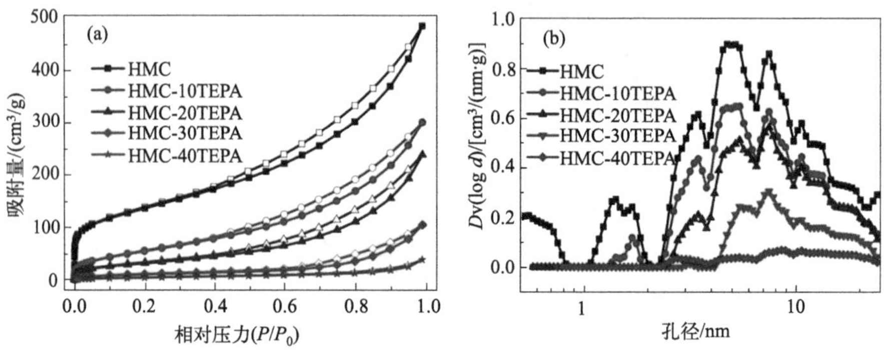

图 3-3　氮气吸脱附曲线及孔径分布曲线

（HMC：羊场湾煤制备的分级介孔炭；HMC-xTEPA：负载 TEPA 的介孔炭）

表 3-1　孔结构参数

样品编号	比表面积/(m²/g)	孔体积/(cm³/g)	主要孔径/nm
HMC	481	0.74	3.46,5.20,7.45,10.68
HMC-10TEPA	211	0.46	3.46,5.20,7.45,10.68
HMC-20TEPA	121	0.37	3.46,5.20,7.45,10.68
HMC-30TEPA	38	0.16	5.20,7.45,10.68
HMC-40TEPA	19	0.06	5.20,7.45,10.68

3.1.2.3　傅里叶红外光谱图

图 3-4 为分级介孔炭和负载 TEPA 的介孔炭的傅里叶红外光谱图。在波数 3700～3200cm⁻¹ 处较宽的特征峰为 OH 振动吸收峰，这是吸附剂在制备过程及红外光谱测试过程中吸附了水的缘故。与分级介孔炭相比，负载 TEPA 后，在 1659cm⁻¹、1138cm⁻¹ 处出现了新的特征峰，分别归属于 TEPA 中 N—H

变形振动及 C—N 伸缩振动[7]。傅里叶红外光谱图分析表明 TEPA 成功负载到分级介孔炭上。

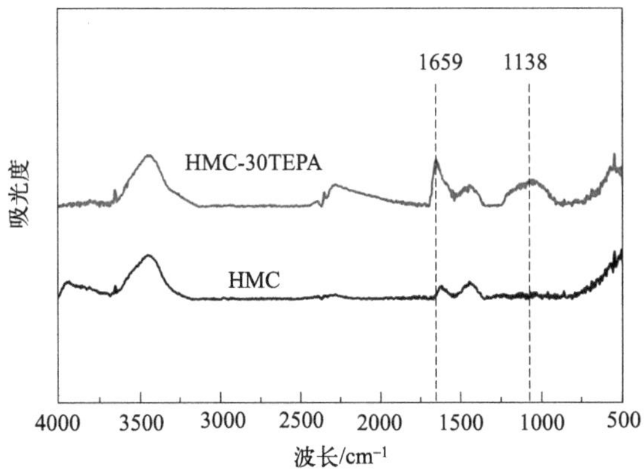

图 3-4　傅里叶红外光谱图

（HMC：羊场湾煤制备分级介孔炭；HMC-30TEPA：负载 30%TEPA 的介孔炭）

3.1.2.4　热失重分析

图 3-5 为分级介孔炭和负载 TEPA 的介孔炭在 25～500℃温度范围内的热失重曲线。由图可见，分级介孔炭在该温度范围内没有明显的失重。而负载 TEPA 的介孔炭的失重分为两个阶段。第一阶段的失重量低，发生在 25～150℃范围内，这是由于吸附的 CO_2、H_2O 被解吸；第二阶段失重发生在

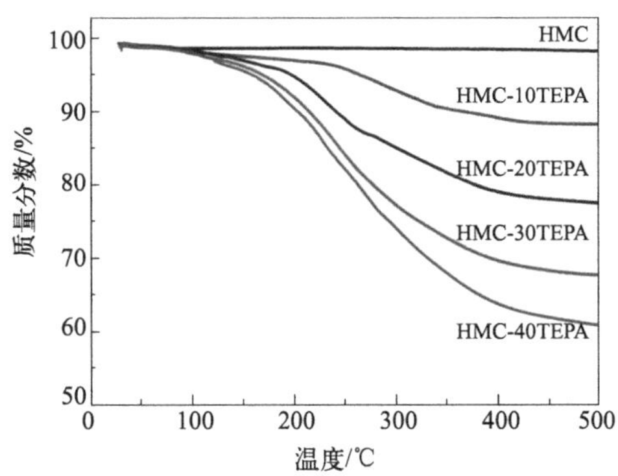

图 3-5　热失重特性曲线

（HMC：羊场湾煤制备分级介孔炭；HMC-xTEPA：负载 TEPA 的介孔炭）

150～500℃范围内，这主要源于 TEPA 的分解。因此该阶段失重量间接反映了 TEPA 的实际负载量。经分析得到，负载不同质量 TEPA 的介孔炭中 TEPA 的实际负载量分别为 9.96%、19.58%、28.69%、36.22%（质量分数）。此外，热失重特性分析也表明负载 TEPA 的介孔炭在 150℃以下具有较好的热稳定性。

3.1.3 干燥模拟烟气下的 CO_2 吸附性能

采用固定床吸附反应器测定 CO_2 吸附性能，吸附装置如图 3-6 所示。以 15% CO_2/85% N_2（体积分数）模拟烟气进行吸附实验，考察 TEPA 负载量、吸附温度对 CO_2 吸附的影响。然后添加不同含量的水蒸气（5%、10%、15%、19%，体积分数），探究水蒸气对 CO_2 吸附的影响。通过水浴锅、鼓泡发生器控制水蒸气含量。循环吸附实验将温度升至 110℃，气体切换为氮气，脱附 1h 后，再降温至吸附温度，重复上述吸附实验。

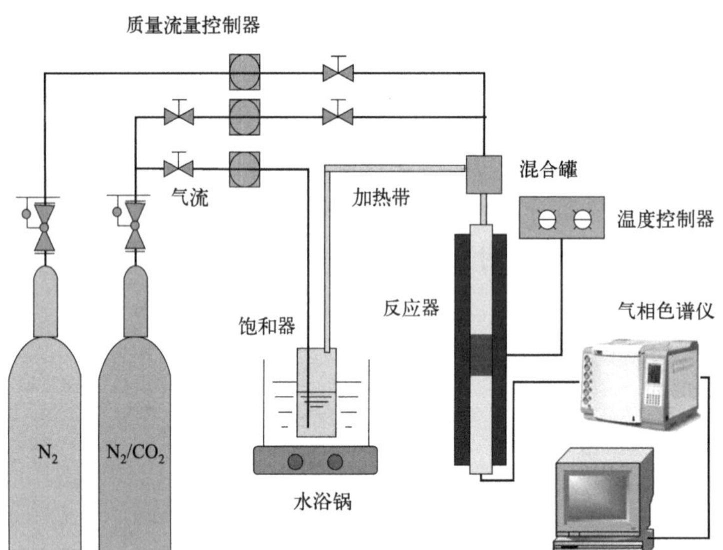

图 3-6　CO_2 穿透吸附装置

采用穿透曲线积分方程式计算吸附剂的 CO_2 吸附量。以反应器出口气体中 CO_2 浓度为入口 CO_2 浓度的 5%（$C/C_0=0.05$）为穿透吸附点，对应的时间和吸附量分别为穿透时间和 CO_2 穿透吸附量；当反应器出口气体中 CO_2 浓度与入口 CO_2 浓度相同时（$C=C_0$）即为平衡吸附，对应的吸附量为 CO_2 饱和吸附量。

3.1.3.1　TEPA 负载量对 CO_2 吸附的影响

胺负载量对吸附剂的 CO_2 穿透吸附性能具有重要影响。图 3-7 为不同 TEPA 负载量吸附剂在干燥模拟烟气（15% CO_2/85% N_2，体积分数）下的穿透吸附曲线、CO_2 饱和吸附量及 TEPA 效率。采用每克 TEPA 吸附 CO_2 的摩尔量来表示 TEPA 效率。如图 3-7(a) 所示，负载 TEPA 后，吸附剂的穿透时间明显延长。HMC-10TEPA 首先达到吸附饱和，表明 CO_2 在 HMC-10TEPA 扩散时的传质阻力小。当 TEPA 负载量增加到 30%（质量分数），穿透时间延长至 10min。这是因为氨基活性位点增加，与 CO_2 的反应增强。此外，穿透曲线斜率可以反映出传质阻力的大小[8]。图 3-7(a) 中穿透曲线斜率随着 TEPA 负载量增加而减小，表明 CO_2 在 HMC-30TEPA 吸附过程的传质阻力大，原因是吸附反应产物堵塞了孔道，阻碍了 CO_2 的扩散。

由图 3-7(b) 可知，随 TEPA 负载量从 10%增加到 30%（质量分数），吸附剂 HMC-xTEPA 的 CO_2 吸附量逐渐增大。这是因为 TEPA 负载量增加，提供了更多的氨基活性位点，促进了 CO_2 吸附反应。但当 TEPA 负载量增加到 40%（质量分数）时，CO_2 吸附量呈现相反的变化趋势。原因是过量的 TEPA 容易团聚堵塞孔道，抑制了 CO_2 的扩散，使吸附量降低。此外，随负载量增加，TEPA 效率由 5.19mmol/g 降低到 3.45mmol/g。TEPA 负载量为 10%（质量分数）时，氨基活性位点分散均匀，与 CO_2 碰撞反应概率高，因而 TEPA 效率高；而当 TEPA 负载量逐渐增加，TEPA 易团聚的特点使氨基部分活性位点被覆盖，使胺效率降低。

3.1.3.2　吸附温度对 CO_2 吸附的影响

温度是影响 CO_2 吸附的另一个重要因素。图 3-8 为负载 30%TEPA 的介孔炭在不同温度下的 CO_2 穿透吸附曲线和穿透吸附量、饱和吸附量。由图可知，穿透时间、穿透吸附量、饱和吸附量随温度升高呈现先增大后降低的趋势。在 60℃时，饱和吸附量达到最高值 1.42mmol/g。CO_2 吸附过程是受动力学和热力学控制的，吸附温度较低时，TEP 黏度大，易团聚，吸附反应受动力学控制。当吸附温度升高，TEPA 表现出较高的活性，暴露出更多的活

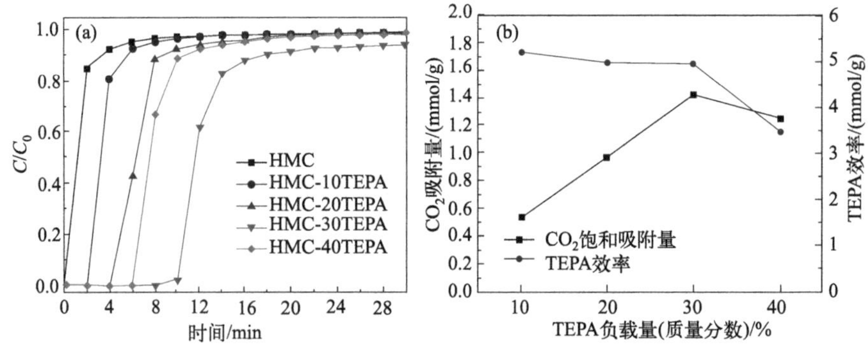

图 3-7　CO_2 穿透吸附曲线（a）和 CO_2 吸附量、TEPA 效率（b）

（HMC：羊场湾煤制备分级介孔炭；HMC-xTEPA：负载 TEPA 的介孔炭）

性位点。同时 CO_2 分子在高温获得更高的能量，可快速扩散至吸附剂内部，被氨基活性位点捕获。由此总结，随着温度升高，CO_2 吸附量增大。但是 CO_2 吸附过程是放热反应，升高温度不利于 CO_2 吸附。因此，温度的进一步升高，虽然暴露出更多的氨基活性位点，但由于热力学控制，CO_2 吸附能力下降。

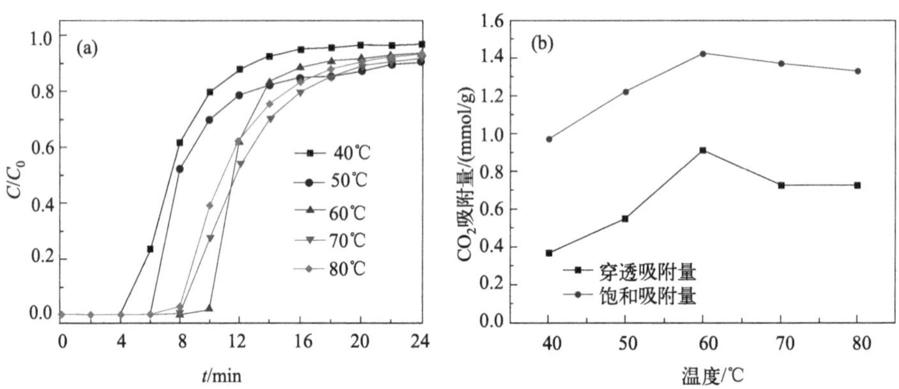

图 3-8　CO_2 穿透吸附曲线（a）和吸附量（b）

3.1.4　含水模拟烟气下的 CO_2 吸附性能

为了考察水蒸气对 CO_2 吸附性能的影响，以具有较高吸附量的负载 30%

TEPA 的介孔炭为研究对象，采用固定床吸附反应器研究 CO_2 在 60℃、不同水蒸气含量（0～19%，体积分数，余同）下的吸附行为。图 3-9 为负载 30% TEPA 的介孔炭在不同水蒸气含量下的穿透吸附曲线、饱和吸附量、TEPA 效率。由图 3-9(a) 可以看到，模拟烟气中增加水蒸气，穿透吸附曲线向右移动，表明吸附性能增强。无水蒸气时，穿透时间为 10min，水蒸气含量为 15%时，穿透时间延长至 12min。这是因为水蒸气参与了 CO_2 吸附反应，吸附机理改变，CO_2 吸附量增加。

由图 3-9(b) 可知，水蒸气使负载 30%TEPA 的介孔炭的 CO_2 饱和吸附量、TEPA 效率明显增大。当水蒸气含量由 0 增加到 15%时，CO_2 饱和吸附量、TEPA 效率增大，是因为在水蒸气条件下氨基与 CO_2 反应摩尔比由 2∶1 降低为 1∶1，因而 TEPA 效率增加。Hahn 等[9] 也报道过相似的结论，当水蒸气含量由 5%增加到 12%时，CO_2 穿透吸附量和饱和吸附量逐渐增大。水蒸气含量为 15%时，CO_2 饱和吸附量、TEPA 效率最高，分别为 1.67mmol/g、5.82mmol/g。此外，水蒸气含量继续增加至 19%，CO_2 吸附量及 TEPA 效率出现小幅度降低。这是因为水分子占据更多的活性位点，降低了活性位点与 CO_2 的碰撞概率。氨基与 CO_2、H_2O 反应，同时伴随着胺与 CO_2 的反应，这两个反应是相互竞争的。

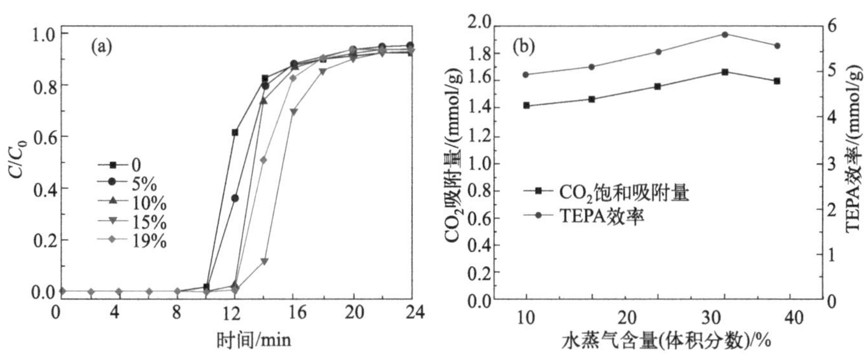

图 3-9　负载 30%TEPA 的介孔炭在不同水蒸气含量下的 CO_2 穿透吸附曲线（a）和 CO_2 饱和吸附量、TEPA 效率（b）

为了满足实际工业应用，高效吸附剂不仅需要高吸附量，而且要有稳定的吸脱附性能。采用水蒸气含量为 15%模拟烟气下的 10 次吸脱附循环考察循环吸脱附性能。如图 3-10 所示，经 10 次循环后，CO_2 饱和吸附量降低了

9.85%。吸附量的降低主要是由于 TEPA 浸出造成的。模拟烟气中的水蒸气吸附到吸附剂表面，使胺类化合物溶解，导致 TEPA 在循环吸附过程中缓慢地从吸附剂中渗出[10]。

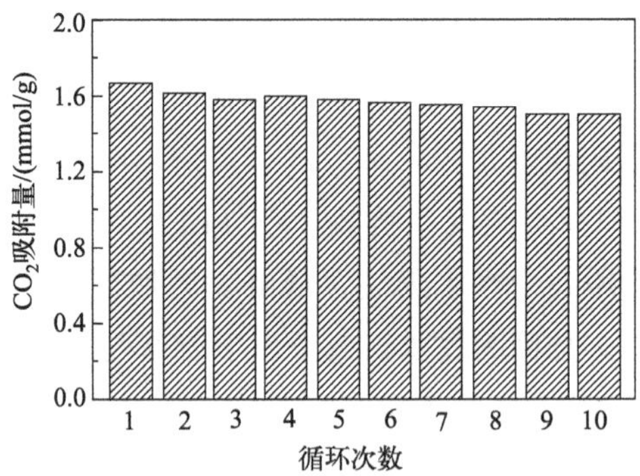

图 3-10　负载 30%TEPA 的介孔炭在含 15%（体积分数）水蒸气模拟烟气下的 10 次循环吸附性能

3.1.5　CO_2 吸附行为

3.1.5.1　水蒸气条件下的吸附动力学

吸附动力学是评价吸附剂性能的重要因素之一。采用 Pseudo-first-order 模型、Pseudo-second-order 模型和 Avrami's fractional-order 模型对 CO_2 吸附实验数据进行拟合，研究负载 30%TEPA 的介孔炭在含水烟气下的动力学。根据图 3-9（a）穿透吸附曲线计算得到不同水蒸气含量下 HMC-30TEPA 随时间的吸附量[图 3-11(f)]。

图 3-11 反映了负载 30%TEPA 的介孔炭在不同水蒸气含量下吸附动力学与吸附曲线的拟合，拟合动力学参数见表 3-2。在吸附初期、吸附平衡期，Pseudo-first-order 模型和 Pseudo-second-order 模型拟合值高于实验吸附量，而在吸附中期低于实验吸附量。同时两个模型与实验数据拟合系数较低，均小于 0.98。这表明 Pseudo-first-order 模型和 Pseudo-second-order 模型不适用于 HMC-30TEPA 的吸附动力学。Avrami's fractional-order 动力学模型与不同水蒸气含量下的吸附数据拟合较好，拟合系数均高于 0.99。这表明负载 30% TEPA 的介孔炭吸附 CO_2 过程同时发生了物理吸附和化学吸附。在吸附初期，吸附速率较快，趋于吸附平衡期，吸附速率缓慢降低。原因是在吸附初期有更

多的氨基活性位点暴露，易与 CO_2 反应；但接近吸附平衡期时，氨基活性位点被占据，氨基浓度降低，减少了与 CO_2 反应的概率，同时已生成产物堵塞了吸附剂孔道，抑制了 CO_2 向内部扩散，导致吸附速率降低[11]。

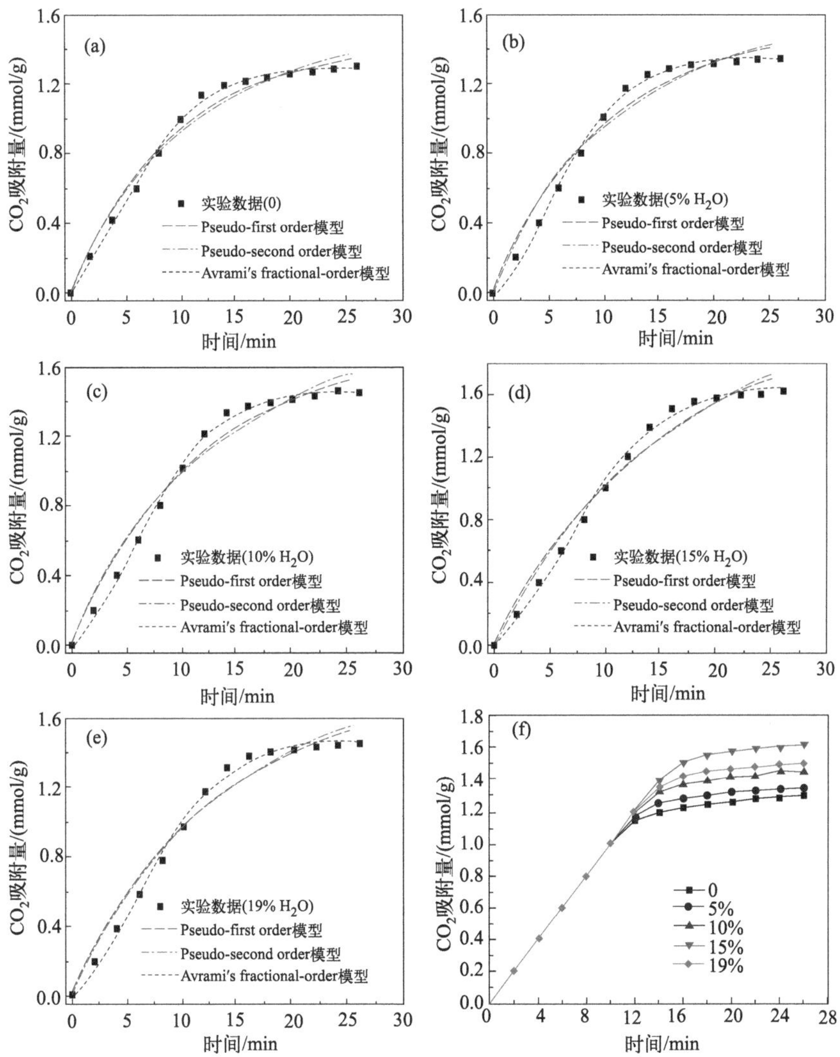

图 3-11　吸附动力学模型与吸附曲线的拟合及吸附速率曲线

表 3-2 中动力学速率常数 k_a 随着水蒸气含量的增加逐渐降低。无水条件下，氨基仅与 CO_2 反应，动力学速率常数较高；含水蒸气条件下，促进了氨基与 CO_2、H_2O 的反应，动力学速率常数反而降低，这表明氨基与 CO_2、

H_2O 反应的动力学速率较低。这与 3.1.5.5 节密度泛函理论计算中吉布斯自由能分析结论一致。在 15% 水蒸气条件下，负载 30%TEPA 的介孔炭吸附 14min 时的 CO_2 吸附量可达到饱和吸附量的 86.4%。表明其吸附速率快，有工业应用前景。

表 3-2 吸附剂 HMC-30TEPA 在不同水蒸气含量下的 CO_2 吸附动力学参数

模型	参数	水蒸气含量(体积分数)/%				
		0	5	10	15	19
Pseudo-first order 模型	q_e/(mmol/g)	1.4412	1.5274	1.6974	2.0681	1.7949
	k_1/min^{-1}	0.1056	0.1001	0.0882	0.0689	0.0825
	R^2	0.9803	0.9773	0.9771	0.9789	0.9767
Pseudo-second order 模型	q_e/(mmol/g)	2.0175	2.1560	2.4664	3.1704	2.6482
	k_2/[g/(mmol·min)]	0.0421	0.0365	0.0267	0.0149	0.0227
	R^2	0.9696	0.9667	0.9686	0.9736	0.9690
Avrami's fractional-order 模型	q_e/(mmol/g)	1.2993	1.3533	1.4610	1.6658	1.5186
	k_a/min^{-1}	0.1273	0.1231	0.1143	0.1101	0.1001
	n	1.4946	1.5363	1.5424	1.5332	1.5521
	R^2	0.9972	0.9967	0.9957	0.9952	0.9954

3.1.5.2 失活模型分析

CO_2 扩散是影响固体胺吸附剂吸附速率的主要因素。吸附反应过程中，吸附产物将逐渐覆盖在吸附剂表面，堵塞吸附剂孔道，造成吸附剂的比表面积和氨基活性位点减少，使 CO_2 扩散受阻，导致吸附速率减慢。失活模型在考虑上述因素的基础上，假设吸附过程是一个稳态过程。研究者通过失活模型对固定床等温吸附过程进行预测，并采用失活速率常数反映吸附剂活性的变化[11]。失活模型方程如下：

$$\frac{C}{C_0}=\exp\left[\frac{1-\exp\left\{\frac{k_0W}{F}\left[1-\exp(-k_dt)\right]\right\}}{1-\exp(-k_dt)}\exp(-k_dt)\right] \tag{3-1}$$

式中，C_0、C 分别代表吸附时间为 0、t 时的出口气体浓度，mol/L；W 为吸附剂的质量，g；F 为混合气的体积流量，mL/min；t 为吸附时间，min；k_0 为初始吸附速率常数，mL/(min·g)；k_d 为失活吸附速率常数，mL/(min·g)。

为了进一步理解负载 30%TEPA 的介孔炭在不同条件下的 CO_2 吸附行

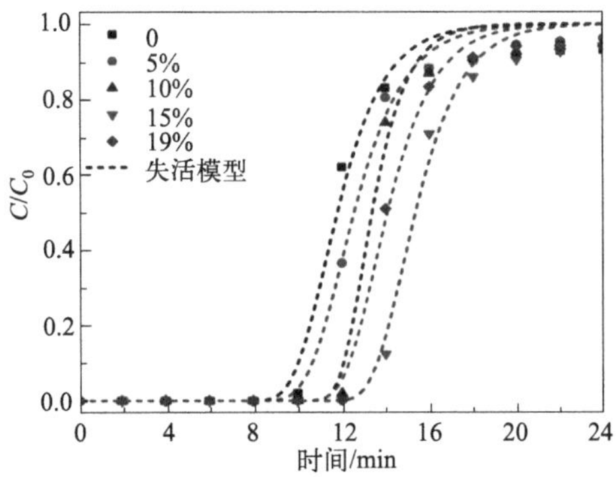

图 3-12　负载 30%TEPA 的介孔炭在不同水蒸气含量下失活模型与穿透吸附曲线的拟合

为，采用失活模型对等温穿透吸附曲线进行研究。图 3-12 反映了失活模型对负载 30%TEPA 的介孔炭在不同水蒸气含量下穿透吸附曲线的拟合结果。表 3-3 列出了相应的初始吸附速率常数、失活速率常数及拟合系数。在不同水蒸气含量下，失活模型对穿透曲线拟合较好，拟合系数均高于 0.98，说明该失活模型可以较准确地描述负载 30%TEPA 的介孔炭的 CO_2 吸附过程。初始吸附速率常数随水蒸气含量呈现先增加后减小的趋势。分析原因是当水蒸气含量低于 10%时，氨基与 CO_2 的反应为主反应，促进了氨基与 CO_2、H_2O 的反应，使初始吸附速率增加；当水蒸气含量高于 15%时，氨基与 CO_2 的反应减少，氨基与 CO_2、H_2O 的反应为主反应，其较低的初始吸附速率使体系的初始吸附速率降低。HMC-30TEPA 在 15%水蒸气条件下的 CO_2 初始吸附速率常数为 151.72mL/(min·g)，是无水条件时的 1.33 倍。相对较高的初始吸附速率常数及较长的吸附时间决定了负载 30%TEPA 的介孔炭优异的吸附性能。较低的失活速率常数（0.68min^{-1}）也验证了其较好的循环吸附性能。

表 3-3　负载 30%TEPA 的介孔炭的初始吸附速率常数及失活速率常数

水蒸气含量(体积分数)/%	k_0/[mL/(min·g)]	k_d/min^{-1}	R^2
0	114.1092	0.6754	0.9811
5	116.8708	0.6977	0.9932
10	176.4465	0.9057	0.9870
15	151.7243	0.9915	0.9908
19	137.7489	0.6777	0.9931

3.1.5.3 吸附产物的傅里叶红外光谱图

有无水蒸气，有机胺与CO_2的反应机理不同[3,4]。在不含水蒸气条件下，两个氨基和一个CO_2分子反应形成氨基甲酸盐，而在含水蒸气条件下，一个氨基、一个CO_2分子和一个H_2O分子反应形成碳酸氢盐，同时胺效率提高。

在水蒸气条件下的反应[12,13]：

$$R_1NH_2+CO_2+H_2O \longrightarrow (R_1NH_3^+)+(HCO_3^-) \tag{R3-1}$$

$$R_1R_2NH+CO_2+H_2O \longrightarrow (R_1R_2NH_2^+)+(HCO_3^-) \tag{R3-2}$$

在无水蒸气条件下的反应[12,13]：

$$2R_1NH_2+CO_2 \longrightarrow (R_1NH_3^+)+(R_1NHCOO^-) \tag{R3-3}$$

$$2R_1R_2NH+CO_2 \longrightarrow (R_1R_2NH_2^+)+(R_1R_2NCOO^-) \tag{R3-4}$$

$$R_1NH_2+R_1R_2NH+CO_2 \longrightarrow (R_1NH_3^+)+(R_1R_2NCOO^-) \tag{R3-5}$$

为了探究吸附反应机理，对负载30%TEPA的介孔炭分别在无水蒸气、15%水蒸气条件下吸附CO_2后的样品进行傅里叶红外光谱分析，如图3-13所示。在波数1800～1100cm^{-1}范围内，两种红外光谱出现较大差异。因而对扣除吸附CO_2前分级介孔炭光谱后、1800～1100cm^{-1}波数范围内的谱图进行分峰拟合分析，如图3-14所示。表3-4列出了不同吸收峰的归属。在1524cm^{-1}处的吸收峰归属于TEPA、氨基甲酸盐、碳酸氢盐中的NH_2对称伸缩振动[14]。在1590cm^{-1}、1431cm^{-1}处的吸收峰分别为COO^-的不对称及对称伸缩振动；1382cm^{-1}处的吸收峰归属于HCO_3^-的不对称伸缩振动[15]。表3-4

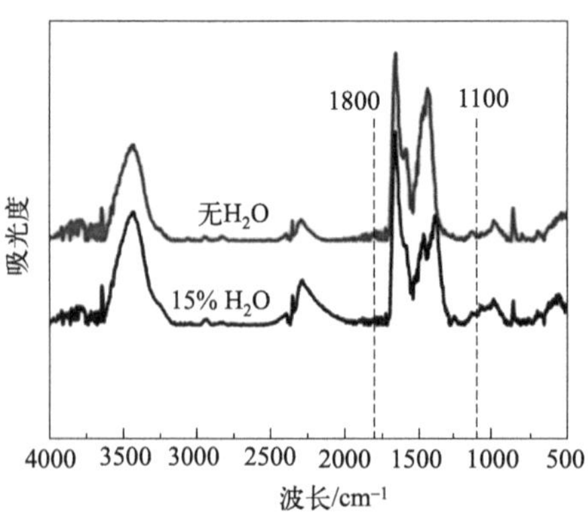

图3-13 负载30%TEPA的介孔炭在不同条件下吸附CO_2后的傅里叶红外光谱图

中 NH_3^+、NH_2^+、COO^- 的存在表明吸附反应产物氨基甲酸盐的形成，而 NH_3^+、NH_2^+、HCO_3^- 的存在则证明了吸附反应产物碳酸氢盐的形成。结合图 3-14 分析表明，在水蒸气条件下吸附反应产物同时存在氨基甲酸盐和碳酸氢盐，无水蒸气时只有氨基甲酸盐生成。

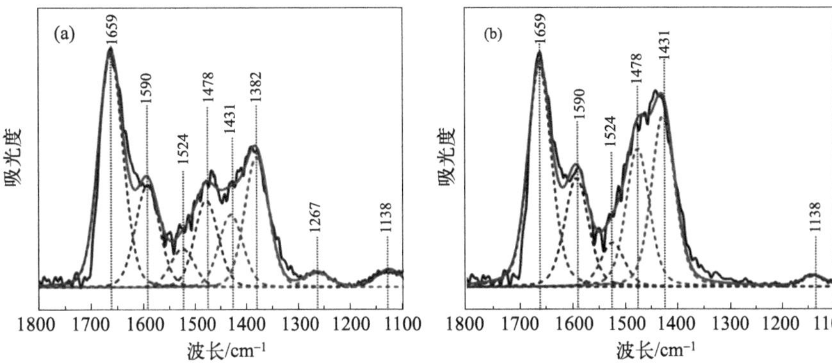

图 3-14　负载 30%TEPA 的介孔炭吸附 CO_2 后红外谱图的分峰拟合

（a：含 15%H_2O 模拟烟气；b：无 H_2O 模拟烟气）

表 3-4　吸附 CO_2 后在波数 1800～1100cm^{-1} 范围内的红外特征峰归属

波数/cm^{-1}	官能团归属	化合物归属
1659	NH_3^+/NH_2^+ 不对称变形振动	氨基甲酸盐、碳酸氢盐
1590	COO^- 不对称伸缩振动	氨基甲酸盐
1524	NH_2 对称伸缩振动	TEPA、氨基甲酸盐碳酸氢盐
1478	NH_3^+/NH_2^+ 对称变形振动	氨基甲酸盐、碳酸氢盐
1431	COO^- 对称伸缩振动	氨基甲酸盐
1382	HCO_3^- 不对称伸缩振动	碳酸氢盐
1267	HCO_3^- 中 C—O 变形振动	碳酸氢盐
1138	C—N 伸缩振动	TEPA、氨基甲酸盐、碳酸氢盐

3.1.5.4　吸附能和热力学计算

为了探究水蒸气对 TEPA 负载介孔炭吸附 CO_2 的影响，采用式 (3-2)、DFT 计算得到活性组分 TEPA 分别与 CO_2、H_2O 的吸附能以及吸附反应的吉布斯自由能（ΔG）。选用高斯基组，在 M06-2X/def2-SVP/SMD(water) 水平上进行几何优化及频率分析。

采用式(3-2) 计算吉布斯自由能（ΔG）：

$$\Delta G = G_{\text{product}} - G_{\text{reactant(1)}} - G_{\text{reactant(2)}} \tag{3-2}$$

式中，G_{product}、G_{reactant} 分别为反应产物、反应物的吉布斯自由能。

为了进一步揭示水蒸气对 CO_2 吸附反应的影响机制，在忽略内扩散的影响下，采用密度泛函理论分别计算 CO_2 分子、H_2O 分子与 TEPA 的吸附能以及两个反应 TEPA/CO_2 和 TEPA/CO_2/H_2O 的热力学。TEPA 分子中含有两种氨基，伯胺（R_1—NH_2）与仲胺（R_1—NH—R_2）。基于伯胺比仲胺更具亲和力[16]，因此以 TEPA 中的伯胺—NH_2 为吸附位进行密度泛函理论计算。

图 3-15(a) 和 (b) 分别为 TEPA/CO_2 和 TEPA/H_2O 优化后的吸附构象。TEPA 与 CO_2 分子的吸附能为－13.16kJ/mol，而 TEPA 与 H_2O 的吸附能为－77.74kJ/mol。TEPA/H_2O 吸附能的绝对值远高于 TEPA/CO_2，这是因为—NH_2 与 H_2O 间的氢键作用使 TEPA 与 H_2O 有更强的结合力。图 3-15(c) 和 (d) 分别为碳酸氢盐（$R_1NH_3^+HCO_3^-$）和氨基甲酸盐（$R_1NH_3^+R_1NHCOO^-$）优化后的结构。对应于反应 R3-1、R3-3 在 60℃ 的吉布斯自由能分别为－40.23kJ/mol、－107.09kJ/mol。吉布斯自由能均为负数，表明两个反应都可以自发进行。反应 R3-3（TEPA 与 CO_2 的反应）吉布斯自由能的绝对值高于反应 R3-1（TEPA 与 CO_2、H_2O 的反应）[17]，而数值的差别是因为胺结构不同。这表明反应 R3-3 具有更快的反应速率，同时也解释了在水蒸气条件下吸附反应产物中碳酸氢盐和氨基甲酸盐都存在的原因。

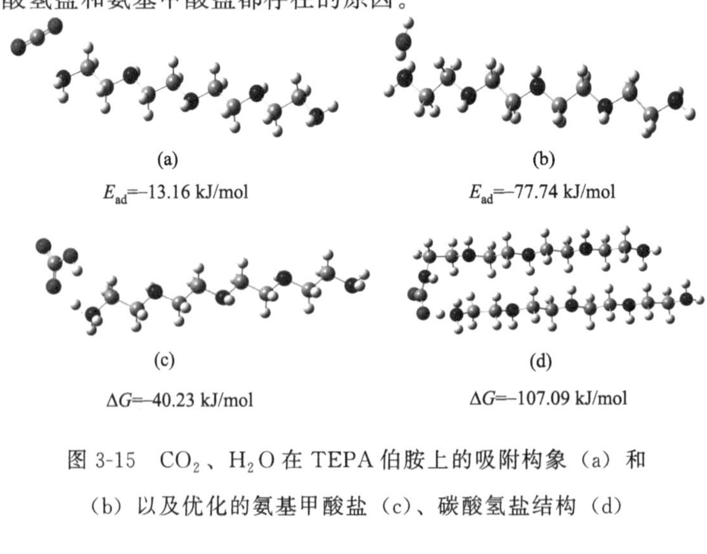

图 3-15　CO_2、H_2O 在 TEPA 伯胺上的吸附构象（a）和（b）以及优化的氨基甲酸盐（c）、碳酸氢盐结构（d）

吸附能和热力学计算也解释了 R3-1 与 R3-3 间的竞争反应。TEPA/H_2O 具有较高的吸附能，使得 H_2O 优先吸附在氨基活性位上。水蒸气含量逐渐增加，加快了反应 R3-1，即 TEPA 与 CO_2 以摩尔比 1∶1 反应，从而使 CO_2 吸附量及 TEPA 效率增加。但水蒸气含量高于 15%时，过多的 H_2O 分子占据了氨基活性位点，减少了活性位点与 CO_2 碰撞的概率，导致 CO_2 吸附量降低。因此，TEPA 与 CO_2 反应机理是由两者碰撞概率控制的。

3.2 TEPA 浸渍多孔炭在含水模拟烟气下的 CO_2 吸附稳定性强化

3.1 节中 TEPA 浸渍分级介孔炭在烟气温度下的动态吸附量最高为 1.67mmol/g，相对胺改性介孔硅分子筛的吸附量偏低，且在含水烟气下吸附循环 10 次后，吸附量降低了约 10%。循环稳定性差是目前固体胺吸附剂研究面临的主要问题。Kishor 等[18] 制备的五乙烯六胺浸渍介孔硅 KIT-6，虽然在 105℃时 CO_2 吸附量最高为 4.48mmol/g，但经 10 次循环后，吸附量下降 17%。Rao 等[19] 以 PEI 浸渍改性分子筛 MCM-41，经 5 次循环后，吸附量下降 12.65%。吸附量下降的主要原因是吸附剂中有机胺分子在循环使用过程中产生浸出损失，同时烟气中水蒸气的存在会加剧胺的浸出损失[10]。因而胺浸出损失是制约固体胺吸附剂推广应用的最大瓶颈。有机胺嫁接改性吸附剂虽然具有较高的再生稳定性，但该方法制备过程复杂，氨基嫁接量有限，使吸附量偏低。除了制备方法，固体胺吸附剂的稳定性也依赖于多孔载体的孔径结构及表面官能团。吸附剂表面官能团决定了其表面疏水性质及与吸附质的相互作用，含氧官能团可促进吸附剂与亲水性基团结合[20]，因而在扩大孔径结构的基础上，增加吸附剂表面含氧官能团，可增强载体表面与胺的相互作用，有效减少有机胺的浸出损失。

过氧化氢是一种温和的氧化剂，其氧化性高于空气，由于在微孔内的扩散受限，使得氧化反应主要在较大孔内发生[21]。低浓度氧气氧化可增大碳材料孔径，从而弥补过氧化氢氧化的不足。为了提高固体胺吸附剂的稳定性，本节采用低浓度氧气焙烧及过氧化氢氧化（即复合氧化）对煤基活性炭进行表面改性，然后浸渍 TEPA 作为 CO_2 吸附剂。对系列吸附剂进行孔结构及表面化学性质的表征，考察活性炭孔结构及表面化学性质在复合氧化过程中的演变，研究复合氧化对含水烟气条件下胺改性炭材料 CO_2 吸附稳定性的影响。

3.2.1 多孔炭表面复合氧化改性

将商业煤基活性炭粉碎并筛分成 150～300μm 粒径的样品。称取 4g 筛分的煤基活性炭置于刚玉瓷舟内，在 500℃、5%O_2/95%N_2（体积分数）气氛下焙烧一定时间，得到产物为氧化多孔炭，标记为 OAC-x，其中 x 代表焙烧时间（2h、4h、8h）。然后将 2g 焙烧后氧化活性炭 OAC 置于一定浓度的过氧化氢溶液中搅拌 24h，再经水洗至中性，最后于烘箱干燥后，得到复合氧化多孔炭，标记为 COAC-x。

3.2.2 TEPA 浸渍复合氧化多孔炭的制备

采用湿法浸渍进行 TEPA 负载改性实验。称取一定质量 TEPA，溶于 10mL 乙醇中，超声处理 30min，然后向溶液中加入 1g 复合氧化多孔炭，经磁力搅拌 3h，最后放置于 80℃ 的真空干燥箱进行干燥，干燥时间为 12h，制备的吸附剂标记为 COAC-x-yTEPA，其中 x 代表低浓度氧气气氛下的焙烧时间（2h、4h、8h），y 代表 TEPA 负载的质量百分数（20%、30%、40%、50%）。

3.2.3 孔结构、表面化学性质的演变

3.2.3.1 表观形貌分析

图 3-16 为原料活性炭在复合氧化改性过程中的扫描电镜图及负载 40% TEPA 的复合氧化多孔炭的扫描电镜图。从图中可以看出，所有多孔炭样品的表面粗糙，可观察到丰富的孔道结构。原料活性炭经 5% 低浓度氧气焙烧后，表观形貌变化甚小，而再经过氧化氢氧化改性后，表面可观察到明显的大孔，这可能是水洗过程活性炭中成型剂被去除产生的孔道。负载 40%TEPA 后，虽然复合氧化多孔炭表面部分孔道被堵塞，但仍存在清晰的孔隙结构，这有利于 CO_2 扩散。图 3-17 为负载 40%TEPA 的复合氧化多孔炭中 C、O、N 元素的能量分布图，表明 TEPA 负载复合氧化多孔炭表面富含 C、N、O 元素，同时，N 元素均匀分布间接反映了 TEPA 均匀分布在载体复合氧化多孔

炭表面。

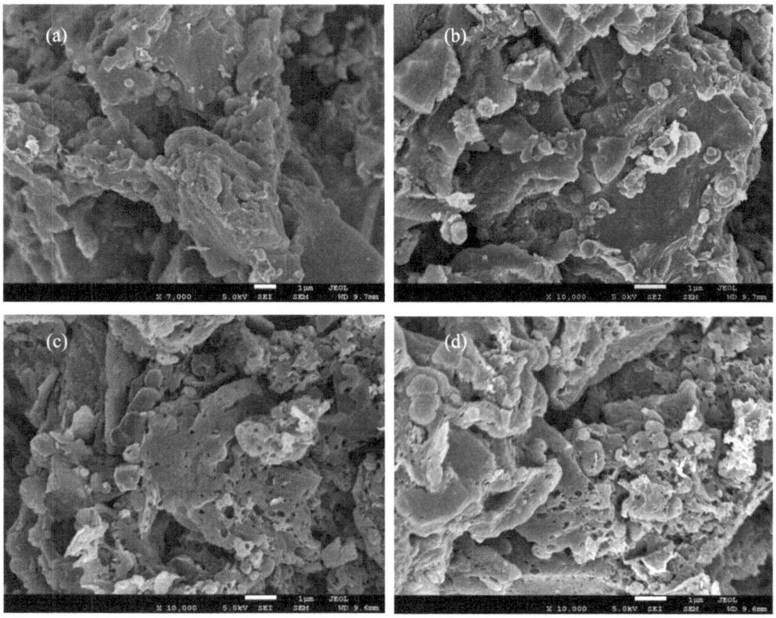

图 3-16　扫描电镜图

(a) 原料活性炭 AC；(b) 低浓度氧气焙烧后的氧化多孔炭 OAC-4；(c) 低浓度氧气焙烧、过氧化氢复合氧化多孔炭 COAC-4；(d) 负载 40%TEPA 的复合氧化多孔炭 COAC-4-40TEPA

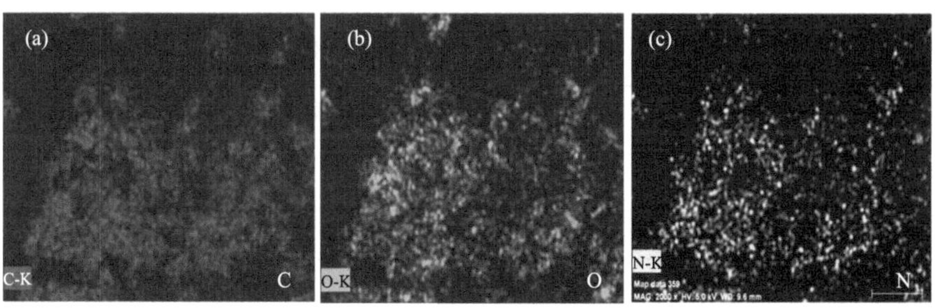

图 3-17　负载 40%TEPA 的复合氧化多孔炭中 C、O、N 元素的能量分布图

3.2.3.2　微观孔径结构演变

图 3-18 为不同吸附剂的氮气吸附曲线及其孔径分布曲线。从图 3-18(a) 可以看出，原料活性炭的氮气吸附曲线是典型的 Ⅰ 类吸附等温线。在相对压力

0.1～1.0范围内，经5%氧气（体积分数）焙烧后，N_2吸附量相比原料活性炭增大，吸脱附曲线存在明显的回滞环，说明低浓度氧气焙烧使多孔炭孔隙率增加。同时，图3-18(b)中氧化多孔炭OAC-4的孔径分布曲线中微孔范围内的峰高降低，而孔径2.8nm处的峰高增加，说明5%（体积分数）氧气焙烧增加了多孔炭介孔体积。另外，复合氧化多孔炭COAC-4经TEPA负载后，吸脱附曲线中回滞环减小；当TEPA负载量为30%时，回滞环基本消失，且微孔范围内的孔径分布峰开始消失。这与表3-5中孔结构参数随着TEPA负载量的变化相一致，主要是由于负载的TEPA填充了微孔，造成孔隙率降低。

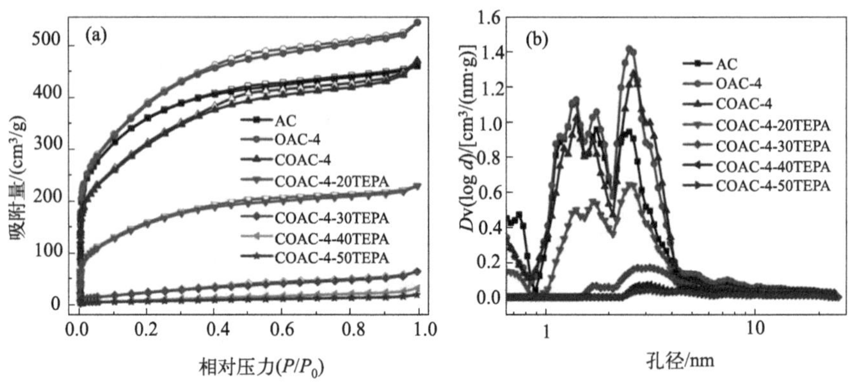

图3-18　氮气吸附/脱附曲线（a）及孔径分布曲线（b）

表3-5　不同改性吸附剂的孔结构参数与氧含量

样品	比表面积/(m^2/g)	孔体积/(cm^3/g)	微孔体积/(cm^3/g)	氧含量(质量分数)/%
AC	1257	0.70	0.38	6.39
OAC-4	1361	0.81	0.28	10.54
COAC-4	1229	0.76	0.24	16.91
COAC-4-20TEPA	543	0.35	0.12	—
COAC-4-30TEPA	69	0.09	0	—
COAC-4-40TEPA	23	0.04	0	—
COAC-4-50TEPA	16	0.02	0	—

3.2.3.3　表面化学性质演变

表3-5列出了不同多孔炭样品的氧元素含量。原料活性炭AC的氧含量为6.39%（质量分数），在5%（体积分数）氧气氛围下焙烧4h后，氧含量增加

为 10.54%（质量分数）。再经过氧化氢氧化后，氧含量继续增加为 16.91%（质量分数），是原料活性炭的 2.64 倍，说明复合氧化使活性炭的氧含量增加。

图 3-19 为 XPS 谱图，反映了原料活性炭在复合氧化过程中含氧官能团的变化。从图 3-19(a) XPS 总谱图可以看出，在 285eV、532eV 处含有独立的峰，分别归属于 C1s、O1s 特征峰，表明原料活性炭及改性后多孔炭主要含有 C、O 两种元素。同时，活性炭经 5%（体积分数）氧气焙烧、过氧化氢氧化过程中，O1s 的强度逐渐增加，表明复合氧化过程引入了大量含氧官能团，这与元素分析的结果一致。此外，为了探究含氧官能团的种类及变化，对 O1s 谱进行分峰拟合，结果如图 3-19(b) 所示。O1s 谱中官能团主要包含—C═O (530.9eV)、—OH (531.6eV)、—C—O—C (532.4eV)、—COOH (533.4eV)。表 3-6 列出了不同多孔炭的 XPS 谱图中各含氧官能团的积分面积。原料活性炭在 5%（体积分数）氧气焙烧、过氧化氢氧化过程中各含氧官能团的积分面积逐渐增加。复合氧化活性炭 COAC-4 中，含氧官能团的相对含量—COOH (32.25%) >—C—O—C (29.07%) >—OH (25.06%) >—C═O (13.63%)。羧基可与氨基发生酰胺化反应，且含氧官能团的存在可增强碳表面与氨基的结合力[22]，有助于提高 TEPA 浸渍在载体中的稳定性。

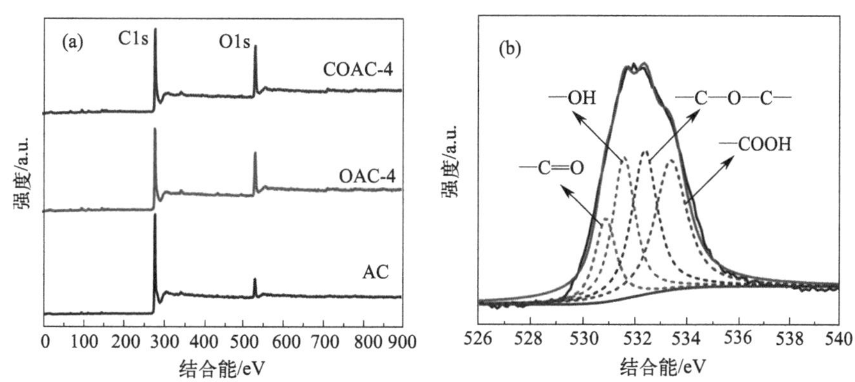

图 3-19　多孔炭的 XPS 总谱图 (a) 及复合氧化多孔炭的 O1s 谱 (b)

表 3-6　不同活性炭样品表面各含氧官能团在 XPS 谱图中的积分面积

样品	—C═O (530.9eV)	—OH (531.6eV)	—C—O—C (532.4eV)	—COOH (533.4eV)
原料活性炭 AC	4512.27	6593.69	9105.60	3964.08
氧化多孔炭 OAC-4	8560.32	12736.46	16402.05	17318.02
复合氧化多孔炭 COAC-4	9857.04	16284.48	18894.48	20958.74

图 3-20 为原料活性炭在复合氧化改性过程中的傅里叶红外光谱图。原料活性炭的红外谱图中，3452cm^{-1} 处的特征峰归属于—OH 的伸缩振动峰，这是因为活性炭吸附了少量的水以及表面羧基的存在；2976cm^{-1}、2896cm^{-1} 处的特征峰分别为—C—H 的非对称和对称伸缩振动峰[11]，1630cm^{-1}、1383cm^{-1} 处代表碳骨架中 C═C 的特征峰[23] 和 C—O 的伸缩振动峰。经 5%（体积分数）氧气焙烧后，氧化多孔炭的红外谱图在 1775cm^{-1} 处出现了新的特征峰，为 C═O 的伸缩振动峰[24]，说明在 5%（体积分数）O_2 下焙烧可使多孔炭表面含氧官能团增加；再经过氧化氢改性后，复合氧化多孔炭的红外谱图中 C═O 吸收峰增强。含氧官能团的存在有利于碳表面与亲水性基团的结合[20]。此外，复合氧化多孔炭负载了 40%TEPA 的红外光谱图保持其原有的特征峰，同时在波数 1695cm^{-1}、1475cm^{-1} 处新增了 N—H 的变形振动峰和 C—H 的弯曲振动峰，归属于 TEPA，由此表明 TEPA 成功负载到复合氧化多孔炭孔道内。

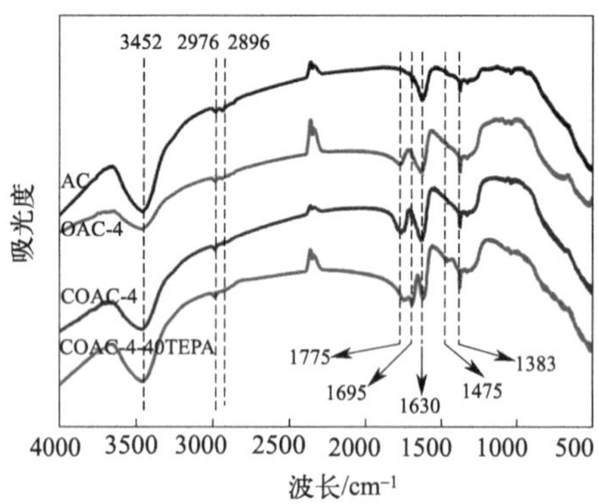

图 3-20　傅里叶红外光谱图

3.2.3.4　热稳定性

图 3-21 是 TEPA 及不同多孔炭在 25～800℃ 温度范围内的热失重曲线。原料活性炭几乎没有失重，说明其在该温度范围内具有较强的热稳定性。复合氧化活性炭 COAC-4 在 500℃开始出现明显失重，在 25～800℃ 范围内的最大失重率为 1.62%，主要归因于表面含氧官能团在高温下的分解。但复合氧化活性炭在低于 500℃时的失重很低，表明复合氧化活性炭在 500℃ 内可保持较强的稳定性，可用于中低温下的吸附剂材料。

TEPA 开始失重的温度为 148℃，温度升高至 300℃ 时的失重率达到 100%。吸附剂负载 TEPA 的复合氧化多孔炭开始失重的温度与 TEPA 几乎一致，表明 TEPA 负载是一个纯物理过程，复合氧化多孔炭及 TEPA 的化学结构未发生改变。因此，吸附剂实际的 TEPA 负载量可以通过复合氧化多孔炭浸渍改性前后失重率之差来表示。由此计算，负载 20%、30%、40%、50%（质量分数）TEPA 的复合氧化多孔炭对应的实际负载量分别为 16.85%、25.70%、36.78%、48.96%。实际 TEPA 负载量低于理论值，是因为 TEPA 负载过程中有少量损失。

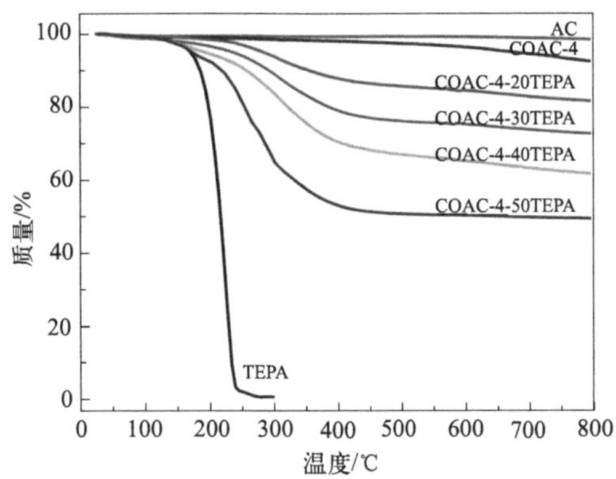

图 3-21 热失重曲线

3.2.4 含水模拟烟气中的 CO_2 吸附性能

3.2.4.1 焙烧时间对 CO_2 吸附性能的影响

图 3-22 对比了不同焙烧时间制备复合氧化活性炭负载 TEPA 后的 CO_2 饱和吸附量。从图中可以看出，当 TEPA 负载量一定时，焙烧时间为 4h 的吸附剂 COAC-4-yTEPA 表现出较高的 CO_2 吸附量，原因是焙烧时间影响吸附剂载体的孔结构，进而使 CO_2 吸附量发生变化。表 3-7 列出了不同焙烧时间得到改性活性炭载体的孔结构参数。与 AC 相比，改性活性炭 OAC-2、OAC-4 比表面积、孔体积均增大，微孔体积均减少；而 OAC-8 的比表面积、孔体积反而降低。这是因为活性炭在 5%（体积分数）O_2 气氛下焙烧时发生氧化反应，使比表面积和孔体积增大，而过度的氧化反应会导致活性炭孔道塌陷。虽

然，OAC-2 的比表面积和孔体积最大，分别为 1421.82m^2/g、0.83cm^3/g，但其介孔体积（0.44cm^3/g）低于 OAC-4（0.51cm^3/g）。考虑到微孔容易被有机胺堵塞，而介孔则有利于胺的分散[25]。因此，采用 5%（体积分数）O_2 改性活性炭的最佳焙烧时间为 4h。

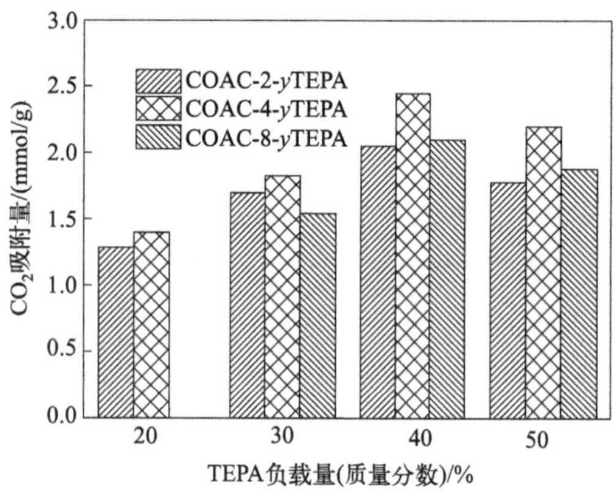

图 3-22　不同焙烧时间制备 TEPA 负载复合氧化多孔炭的饱和吸附量对比

表 3-7　不同焙烧时间得到的氧化活性炭的孔结构参数

样品	制备条件	比表面积/(m^2/g)	孔体积/(cm^3/g)	微孔体积/(cm^3/g)	介孔体积/(cm^3/g)
AC	原料活性炭	1257	0.70	0.38	0.32
OAC-2	5%氧气焙烧 2h	1422	0.83	0.39	0.44
OAC-4	5%氧气焙烧 4h	1361	0.81	0.28	0.51
OAC-8	5%氧气焙烧 8h	1072	0.69	0.21	0.48

3.2.4.2　TEPA 负载量的影响

图 3-23 为吸附剂 COAC-x-yTEPA 在含水模拟烟气下的穿透吸附曲线。穿透吸附后曲线的斜率可以反映吸附反应速率[8]。对于吸附剂 COAC-2-yTEPA 的穿透吸附曲线，TEPA 负载量为 20%时的吸附曲线斜率最大，表明该吸附剂 COAC-2-20TEPA 的吸附速率最快；TEPA 负载量逐渐增加，吸附曲线斜率反而开始减小，表明吸附反应速率减慢。原因是在吸附过程中孔道被吸附产物堵塞，CO_2 扩散受阻，造成吸附速率降低。此外，穿透时间随 TEPA 负载量的增加呈现抛物线变化趋势，当 TEPA 负载量为 40%时，穿透时间最长为 8min。图 3-23(b) 和 (c) 分别为吸附剂 COAC-4-yTEPA 和 COAC-8-

yTEPA 在含水模拟烟气下的穿透吸附曲线。与图 3-23(a) 对比可知，随 TEPA 负载量的增加，COAC-4-yTEPA 和 COAC-8-yTEPA 的穿透吸附行为与 COAC-2-yTEPA 表现出相同的变化趋势。

表 3-8 列出了 COAC-4-yTEPA 的穿透时间、穿透吸附量、饱和吸附量及 TEPA 效率。从表中数据可以看出，随着 TEPA 负载量的增加，CO_2 吸附量呈现先增加后减少的趋势，而 TEPA 效率则逐渐降低。低浓度氧气焙烧时间为 4h、TEPA 负载量为 40%时，吸附剂 COAC-4-40TEPA 的穿透时间最长为 10min，相应的穿透吸附量和饱和吸附量分别为 1.55mmol/g、2.45mmol/g；而焙烧时间为 4h、TEPA 负载量为 20%时，胺效率最高为 8.31mmol/g。原因是，胺负载量低时，氨基活性位点充分暴露，TEPA 利用率较高；而随着胺负载量增大，吸附剂载体的孔道部分被堵塞，抑制了 CO_2 扩散，造成 TEPA 利用率降低。因此，TEPA 负载多孔炭的吸附性能主要受胺利用率及载体孔结构的影响。

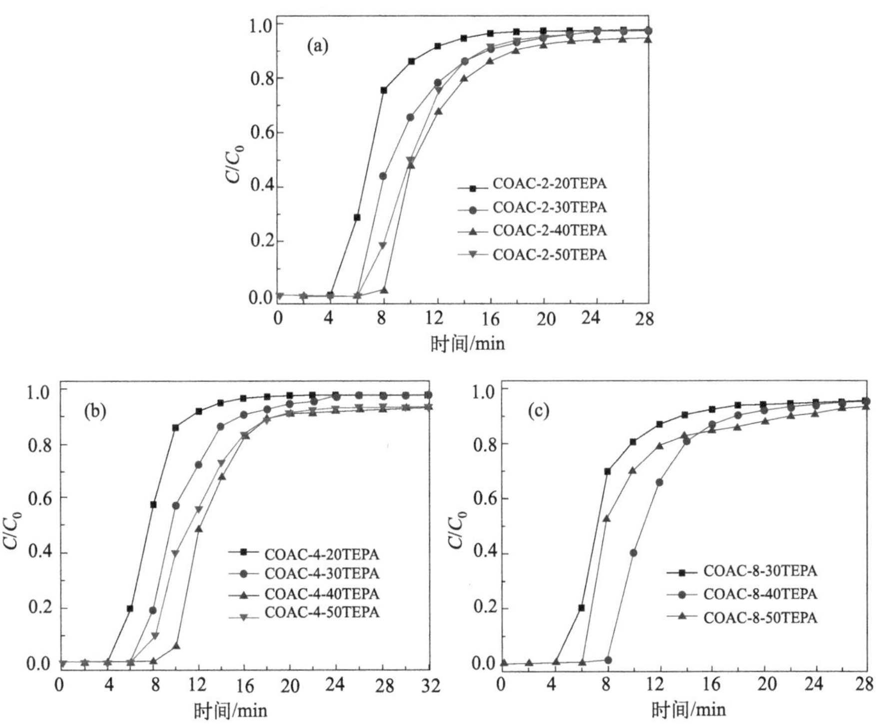

图 3-23　在含水模拟烟气下的穿透吸附曲线

表 3-8　CO_2 吸附量和胺效率

样品	TEPA 负载量（质量分数）/%	穿透时间/min	穿透吸附量/(mmol/g)	饱和吸附量/(mmol/g)	TEPA 效率/(mmol/g)
COAC-4-20TEPA	20	4	0.62	1.40	8.31
COAC-4-30TEPA	30	6	0.93	1.83	7.12
COAC-4-40TEPA	40	10	1.55	2.45	6.66
COAC-4-50TEPA	50	6	0.93	2.20	4.49

3.2.4.3　吸附温度对 CO_2 吸附性能的影响

图 3-24 为吸附剂 COAC-4-40TEPA 在不同温度下的穿透曲线及饱和吸附量。由图可知，穿透时间及饱和吸附量随吸附温度的升高呈现先增大后降低的趋势。在 60℃时 COAC-4-40TEPA 的穿透时间及饱和吸附量达到最大值，分别为 10min、2.45mmol/g。这是因为 TEPA 是一种黏性液体，在低温时由于黏度大容易团聚，活性位被包覆，不利于吸附反应进行；而升高温度，TEPA 的黏性降低，容易在载体孔道内分散，活性位点充分暴露，有利于 CO_2 吸附。考虑到吸附反应本身是放热反应，升高温度反而不利于吸附反应进行。因此温度对 COAC-4-40TEPA CO_2 吸附的影响是受吸附反应热力学及 TEPA 分散同时控制的。

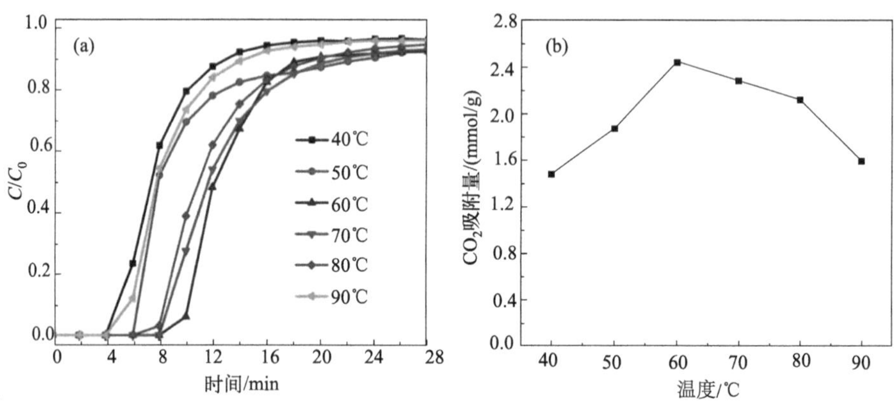

图 3-24　在不同吸附温度下的穿透吸附曲线及吸附量

3.2.4.4　复合氧化对 CO_2 吸附性能的影响

图 3-25 对比了不同多孔炭吸附剂的穿透吸附曲线。对于原料活性炭 AC，

CO_2 穿透时间在 2min 内，吸附时间为 4min 时达到饱和，饱和吸附量仅有 0.41mmol/g。对照样品负载 40%TEPA 的活性炭的穿透时间为 2min，吸附时间为 20min 时基本达到饱和，吸附速率较慢，饱和吸附量为 1.21mmol/g。而对于 TEPA 负载复合氧化活性炭 COAC-4-40TEPA，穿透时间延长至 8min，饱和吸附量为 2.45mmol/g，是未改性吸附剂 AC-40TEPA 的 2.02 倍。分析原因是，活性炭经 5%（体积分数）氧气焙烧，介孔体积增大，暴露了更多氨基活性位，同时过氧化氢进一步氧化增加了载体表面含氧官能团，利于氨基活性位分散，可提高胺的利用率。

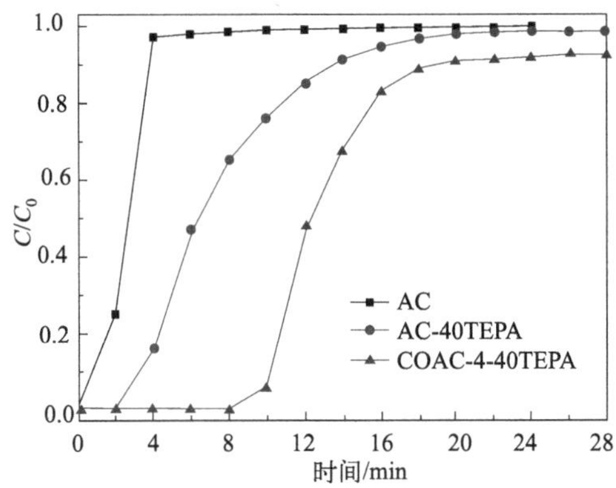

图 3-25　穿透吸附曲线

3.2.4.5　循环稳定性能

图 3-26(a) 为负载 40%TEPA 的复合氧化多孔炭 COAC-4-40TEPA 在含水模拟烟气下循环吸附 10 次的 CO_2 饱和吸附量。结果显示，10 次循环后的吸附量减少了 7.76%，维持初始吸附量的 92.24%。此外，图 3-26(b) 对比了新鲜吸附剂负载 40%TEPA 的复合氧化多孔炭及其 10 次循环后的热失重性能。吸附剂 COAC-4-40TEPA 在 10 次循环前后的热失重曲线几乎重合，没有明显变化。新鲜吸附剂的 TEPA 失重率为 36.78%，10 次循环再生后吸附剂的 TEPA 失重率为 36.11%，TEPA 损失量仅有 0.67%，表明负载 TEPA 的复合氧化多孔炭具有较强的吸脱附稳定性。

3.2.5　吸附剂活性及失活特性分析

为了探究复合氧化对 TEPA 负载改性活性炭 CO_2 吸附行为的影响，采用

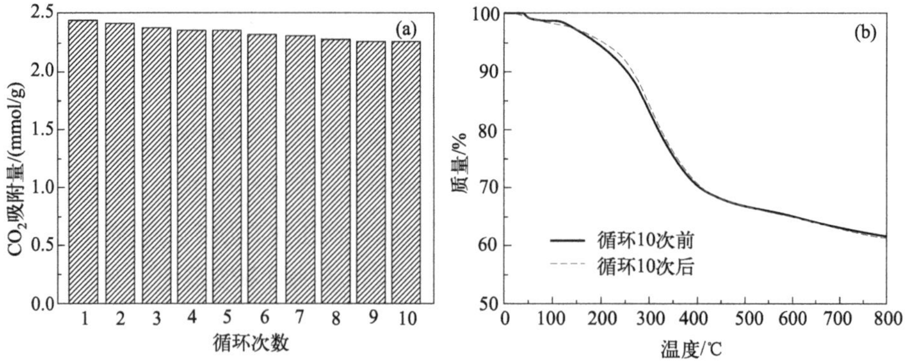

图 3-26　循环吸附量（a）及循环前后的热失重曲线（b）

失活模型与实验测得的吸附曲线进行拟合。图 3-27 反映了失活模型对三个吸附剂穿透吸附曲线的拟合效果，表 3-9 列出了相应的失活模型参数。失活模型与实验所得穿透吸附曲线的拟合度较高，表明可以采用该失活模型来预测吸附剂体系的穿透吸附行为。与负载 40%TEPA 的活性炭对比，负载 40%TEPA 的复合氧化多孔炭的初始吸附速率常数增大，为 71.8006mL/(min·g)，且失活速率常数降低，为 $0.3943min^{-1}$。TEPA 负载复合氧化活性炭 COAC-4-40TEPA 的穿透吸附时间长、初始吸附速率快、失活速率低。主要归因于 5%（体积分数）氧气焙烧增大了活性炭的介孔体积，有利于 TEPA 在载体孔道内分散，氨基活性位与 CO_2 碰撞概率增加，从而加快了吸附速率；同时复合氧化改性使载体表面含氧官能团增加，碳表面与 TEPA 的相互作用增强，可有效减少 TEPA 浸出损失，使失活速率降低。

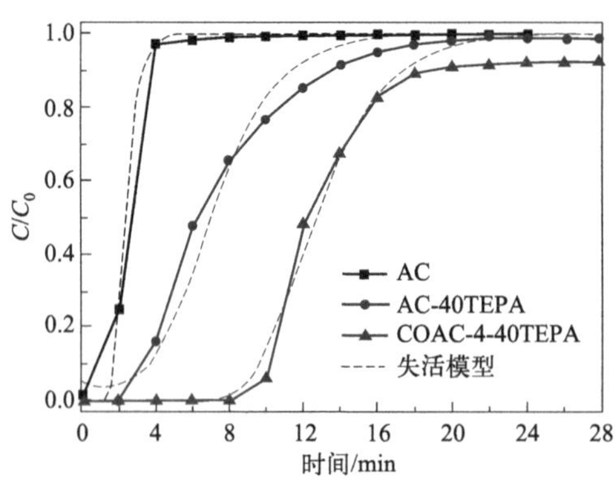

图 3-27　失活模型对穿透吸附曲线的拟合

表 3-9　失活模型参数

样品	制备条件	k_0/[mL/(min·g)]	k_d/min^{-1}	R^2
AC	原料活性炭	66.0498	2.0001	0.9996
AC-40TEPA	负载 40%TEPA 的活性炭	43.6547	0.4577	0.9793
COAC-4-40TEPA	负载 40%TEPA 的复合氧化多孔炭	71.8006	0.3943	0.9775

3.3 小结

以 TEPA 负载分级介孔炭为吸附剂，考察了不同水蒸气含量对 CO_2 吸附性能的影响，并进行了水蒸气存在下的 CO_2 吸附动力学及吸附机理研究。主要结论如下。

① 模拟烟气中添加 15%（体积分数）水蒸气，TEPA 负载分级介孔炭的 CO_2 吸附量、TEPA 效率增加。在含水烟气条件下，TEPA 负载分级介孔炭吸附 CO_2 的过程同时存在物理吸附和化学吸附，化学吸附产物为碳酸氢盐和氨基甲酸盐。TEPA/CO_2/H_2O、TEPA/CO_2 两个反应同时发生，且存在竞争关系。TEPA/CO_2/H_2O 的反应速率低于 TEPA/CO_2 的反应速率。

② H_2O 对 CO_2 吸附存在正负两方面影响，H_2O 与 TEPA 吸附能高，促进了 TEPA 与 CO_2、H_2O 反应，使 CO_2 吸附量、TEPA 效率逐渐增加；但 H_2O 过量时（>15%，体积分数），TEPA/H_2O 较高的吸附能，使 H_2O 优先占据更多氨基活性位，减少了 TEPA 与 CO_2 的碰撞概率，使 CO_2 吸附量出现下滑。

③ 采用复合氧化（低浓度氧气焙烧及过氧化氢氧化）对商业活性炭进行预处理，提高了 TEPA 负载活性炭的 CO_2 吸附性能及稳定性，失活速率降低。主要归因于 5%（体积分数）氧气焙烧增大了载体活性炭的介孔体积，使更多氨基活性位点暴露，TEPA 利用率提高，吸附速率加快；此外，复合氧化改性使载体表面含氧官能团增加，碳表面与 TEPA 相互作用增强，从而降低了胺改性炭材料吸附剂的失活速率。

参考文献

[1]　Yu J, Chuang S S C. The role of water in CO_2 capture by amine [J]. Industrial & Engineering

Chemistry Research, 2017, 56 (21): 6337-6347.

[2] Guo X Z, Ding L, Kanamori K, et al. Functionalization of hierarchically porous silica monoliths with polyethyleneimine (PEI) for CO_2 adsorption [J]. Microporous and Mesoporous Materials, 2017, 245: 51-57.

[3] Wang X, Wang D Y, Song M J, et al. Tetraethylenepentamine-modified activated semicoke for CO_2 capture from flue gas [J]. Energy & Fuels, 2017, 31 (3): 3055-3061.

[4] Irani M, Jacobson A T, Gasem K A M, et al. Modified carbon nanotubes/ tetraethylenepentamine for CO_2 capture [J]. Fuel, 2017, 206: 10-18.

[5] Liu Q, Xiong B T, Shi J J, et al. Enhanced tolerance to flue gas contaminants on carbon dioxide capture using amine-functionalized multiwalled carbon nanotubes [J]. Energy & Fuels, 2014, 28 (10): 6494-6501.

[6] Guo Y F, Zhao C W, Li C H, et al. Application of PEI-K_2CO_3/AC for capturing CO_2 from flue gas after combustion [J]. Applied Energy, 2014, 129: 17-24.

[7] Wilfong W C, Srikanth C S, Chuang S S C. In situ atr and drifts studies of the nature of adsorbed CO_2 on tetraethylenepentamine films [J]. ACS Applied Materials & Interfaces, 2014, 6 (16): 13617-13626.

[8] Lai Q H, Diao Z J, Kong L L, et al. Amine-impregnated silicic acid composite as an efficient adsorbent for CO_2 capture [J]. Applied Energy, 2018, 223: 293-301.

[9] Hahn M W, Steib M, Jentys A, et al. Mechanism and kinetics of CO_2 adsorption on surface bonded amines [J]. Journal of Physical Chemistry C, 2015, 119 (8): 4126-4135.

[10] Thompson S J, Soukri M, Lail M. Phosphorous dendrimer bound polyethyleneimine as solid sorbents for post-combustion CO_2 capture [J]. Chemical Engineering Journal, 2018, 350: 1056-1065.

[11] Zhang G J, Zhao P Y, Hao L X, et al. A novel amine double functionalized adsorbent for carbon dioxide capture using original mesoporous silica molecular sieves as support [J]. Separation and Purification Technology, 2019, 209: 516-527.

[12] Keller L, Ohs B, Lenhart J, et al. High capacity polyethylenimine impregnated microtubes made of carbon nanotubes for CO_2 capture [J]. Carbon, 2018, 126: 338-345.

[13] Ouyang J, Gu W, Zhang Y, et al. CO_2 capturing performances of millimeter scale beads made by tetraethylenepentamine loaded ultra-fine palygorskite powders from jet pulverization [J]. Chemical Engineering Journal, 2018, 341: 432-440.

[14] Hori K, Higuchi T, Aoki Y, et al. Effect of pore size, aminosilane density and aminosilane molecular length on CO_2 adsorption performance in aminosilane modified mesoporous silica [J]. Microporous and Mesoporous Materials, 2017, 246: 158-165.

[15] Morisset P O, Gagnon J, Tremblay R, et al. Development and validation of an *in situ* and real-time quantification method for bicarbonate, carbonate and orthophosphate ions by ATR FT-IR spectroscopy in aqueous solutions [J]. Analyst, 2018, 143 (18): 4387-4393.

[16] Jo D H, Jung H, Shin D K, et al. Effect of amine structure on CO_2 adsorption over tetraethy- lenepentamine impregnated poly methyl methacrylate supports [J]. Separation and Purification Technology, 2014, 125: 187-193.

[17] Li K J, Kress J D, Mebane D S. The mechanism of CO_2 adsorption underdry and humid conditions in mesoporous silica-supported amine sorbents [J] . The Journal of Physical Chemistry C, 2016, 120 (41): 23683-23691.

[18] Kishor R, Ghoshal A K. Amine-modified mesoporous silica for CO_2 adsorption: The role of structural parameters [J]. Industrial & Engineering Chemistry Research, 2017, 56 (20): 6078-6087.

[19] Rao N, Wang M, Shang Z M, et al. CO_2 adsorption by amine-functionalized MCM-41: A comparison between impregnation and grafting modification methods [J]. Energy & Fuels, 2018, 32 (1): 670-677.

[20] Daud W M A W, Houshamnd A H. Textural characteristics, surface chemistry and oxidation of activated carbon [J]. Journal of Natural Gas Chemistry, 2010, 19 (3): 267-279.

[21] El-Hendawy A A. Influence of HNO_3 oxidation on the structure and adsorptive properties of corncob-based activated carbon [J]. Carbon, 2003, 41 (4): 713-722.

[22] Chiang Y, Juang R. Surface modifications of carbonaceous materials for carbon dioxide adsorption: A review [J]. Journal of the Taiwan Institute of Chemical Engineers, 2017, 71: 214-234.

[23] Shao L S, Wang S Q, Liu M Q, et al. Triazine-based hyper-cross-linked polymers derived porous carbons for CO_2 capture [J]. Chemical Engineering Journal, 2018, 339: 509-518.

[24] Naseem K, Begum R, Farooqi Z H, et al. Core-shell microgel stabilized silver nanoparticles for catalytic reduction of aryl nitro compounds [J]. Applied Organometallic Chemistry, 2020. 34 (9): e5742.

[25] Gibson J A A, Gromov A V, Brandani S, et al. The effect of pore structure on the CO_2 adsorption efficiency of polyamine impregnated porous carbons [J]. Microporous and Mesoporous Materials, 2015, 208: 129-139.

第4章

生物质基炭材料的构筑与改性

生物质基炭材料的制备是以农业废弃物（如秸秆、稻壳、果壳）、林业残余物（木屑、树皮）或城市有机废弃物（如食品残渣）为原料，资源充足且成本低廉。采用炭化、活化（物理或化学活化）可调控形成微孔、介孔和大孔的多级孔结构，通过调控热解温度、活化剂类型、原料预处理（如酸洗、掺杂金属）等工艺参数，可精准设计孔隙结构，适配不同污染物吸附需求。同时生物质基炭材料表面富含含氧官能团（如羧基、羟基、羰基），容易进行表面改性，可增强对特定污染物的选择性吸附。因此生物质基炭材料常被用作气体吸附剂[1-3]。

4.1 核桃壳基炭材料的吸附性能

废弃生物质核桃壳是一种量大易得、成本低廉、灰分低、成碳收率高的优异碳前驱体。活化热解核桃壳制备的生物炭具有机械强度高、孔隙发达、吸附能力优异和容易再生的优势，是一种经济耐用的吸附剂。金属盐是一种能够有效改善生物质基炭材料结构的活化剂。使用 $ZnCl_2$ 制备得到的微孔生物炭孔径小于 1nm[4]，有利于室温条件下 CO_2 吸附。Lahijani 等[5] 使用 $FeCl_3$ 作为活化剂，以核桃壳为碳前驱体制备了具有高微孔率的生物炭，具有较高的 CO_2 吸附能力和选择性。本章以核桃壳为碳源，分别以 $FeCl_3$、$ZnCl_2$、$H_2O(g)$ 为活化剂制备具有不同孔径分布的生物炭。

表 4-1　核桃壳的工业分析与元素分析

工业分析/%				元素分析/%				
M_{ad}	A_{ad}	V_{ad}	FC_{ad}	C	H	N	S	O^{a}
6.21	1.86	81.23	10.69	49.94	5.86	0.26	0.04	43.96

注：M 为水分，A 为灰分，V 为挥发分，FC 为固定碳。ad 表示测试样品为空气干燥基样品。

4.1.1　核桃壳基炭材料的制备

将原料核桃壳用去离子水冲洗，在 100℃下干燥，然后进行粉碎并过筛，制成 50～100 目颗粒。采用 $FeCl_3$、$ZnCl_2$ 对核桃壳进行活化，具体过程如下。分别称取一定质量的 $FeCl_3 \cdot 6H_2O$、$ZnCl_2 \cdot 6H_2O$，加到 500mL 去离子水中搅拌溶解；称取筛分的核桃壳作为碳源，加入到金属盐溶液中进行浸渍，经 150℃加热搅拌至溶液挥发完全。活化实验装置如图 4-1 所示，首先通入 300mL/min N_2 进行吹扫，然后以 10℃/min 的升温速率升温至热解温度 900℃，保持 100min。采用 $FeCl_3$、$ZnCl_2$ 和 $H_2O(g)$ 共活化时，待升温至 900℃时，将 N_2 转换为含有 $H_2O(g)$ 的惰性气氛，通过改变进入水蒸气发生器的水流量（0.1mL/min、0.15mL/min、0.2mL/min、0.25mL/min）来调节 $H_2O(g)$ 的用量。将所得的生物炭用 0.3mol/L 盐酸洗涤 6h，除去载体上的金属氧化物和灰分，并用去离子水反复洗涤至中性，最后在 100℃下干燥 12h，得到生物炭样品。不同条件下制备的生物炭样品的命名见表 4-2。

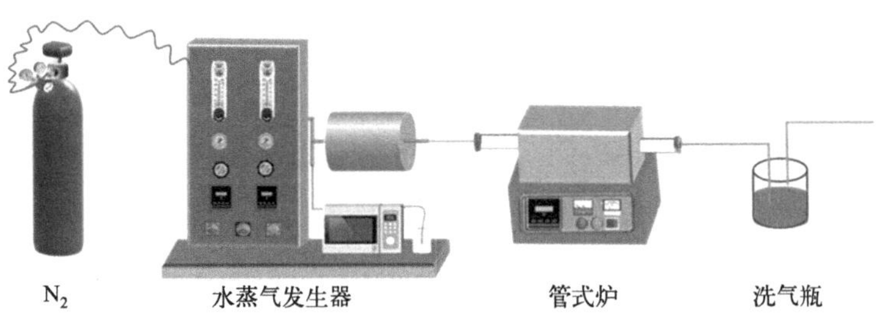

图 4-1　热解活化实验装置示意图

表 4-2　样品名称及制备条件

样品	制备方法	制备条件(900℃、100min)	
		核桃壳∶$FeCl_3 \cdot 6H_2O$∶$ZnCl_2 \cdot 6H_2O$ 质量比	H_2O 流量/(mL/min)
BC	直接热解	0	—
BC1	$FeCl_3$ 和 $ZnCl_2$ 化学活化	5∶1∶3	无
BC2		5∶1.5∶1.5	无
BC3		5∶3∶1	无
BC4		5∶3∶0	无
BC5		5∶0∶3	无
BC1-1	$FeCl_3$、$ZnCl_2$ 和 $H_2O(g)$ 共活化	5∶1∶3	0.1
BC2-1		5∶1.5∶1.5	0.1
BC3-1		5∶3∶1	0.1
BC4-1		5∶3∶0	0.1
BC5-1		5∶0∶3	0.1
BC3-2		5∶3∶1	0.15
BC3-3		5∶3∶1	0.2
BC3-4		5∶3∶1	0.25
BC2-2		5∶1.5∶1.5	0.15
BC2-3		5∶1.5∶1.5	0.2
BC2-4		5∶1.5∶1.5	0.25

4.1.2　核桃壳基炭材料的表征

4.1.2.1　表观形貌分析

对直接热解及 $ZnCl_2$、$FeCl_3$、$H_2O(g)$ 活化制备微孔生物炭的表观形貌进行表征分析。从图 4-2(a) 可知，直接热解核桃壳制备的生物炭 BC 表面只存在较少大孔，且表面孔隙不发达。图 4-2(b)～(e)是使用 $FeCl_3$ 和 $ZnCl_2$ 共活化制备的生物炭，其孔隙结构变得发达，但表面存在明显的大孔，主要形成原因是热解过程中 $ZnCl_2$ 的挥发、$FeCl_3$ 与表面碳的反应以及酸洗去除了 ZnO 和 Fe_3O_4 颗粒。$FeCl_3$ 用量对生物炭的表观形貌具有较为显著的调控作用，对比图 4-2(a) 和 (b)，添加 $FeCl_3$ 活化剂后，生物炭 BC4 表面粗糙度增大，孔隙率增大，且孔径范围较宽，这表明铁氧化物和碳反应剧烈，对生物炭表面的烧蚀作用显著。对比图 4-2(b) 和 (c)，添加 $ZnCl_2$ 活化剂，生物炭 BC3 表面孔数量增加，孔径相对均一。调节 $ZnCl_2$ 和 $FeCl_3$ 共活化剂的质量比，如图 4-2(d) 和 (e) 所示，生物炭表面的孔径减小，这是因为 $FeCl_3$ 用量降低，Fe 与炭的反应减少，对生物炭表面的刻蚀程度降低。以 $ZnCl_2$、$FeCl_3$、H_2O(g) 共活化时，如图 4-2(f) 所示，生物炭 BC3-1 的表面出现了数目较多且较为均一的孔径结构，说明 H_2O(g) 的加入可以起到进一步扩孔的作用。$FeCl_3$ 和 H_2O(g) 作为活化剂时，如图 4-2(g) 所示，生物炭 BC4-1 的表面出现碳沉积和增长，这主要归因于 $FeCl_3$ 和生物质前驱体的剧烈反应以及 H_2O(g) 的扩孔作用。以 $ZnCl_2$、$FeCl_3$、H_2O(g) 共活化时，进一步增大用量，H_2O(g) 逐步扩散到孔道内部，生物炭微观结构呈蜂窝状，如图 4-2(h) 和 (i) 所示。

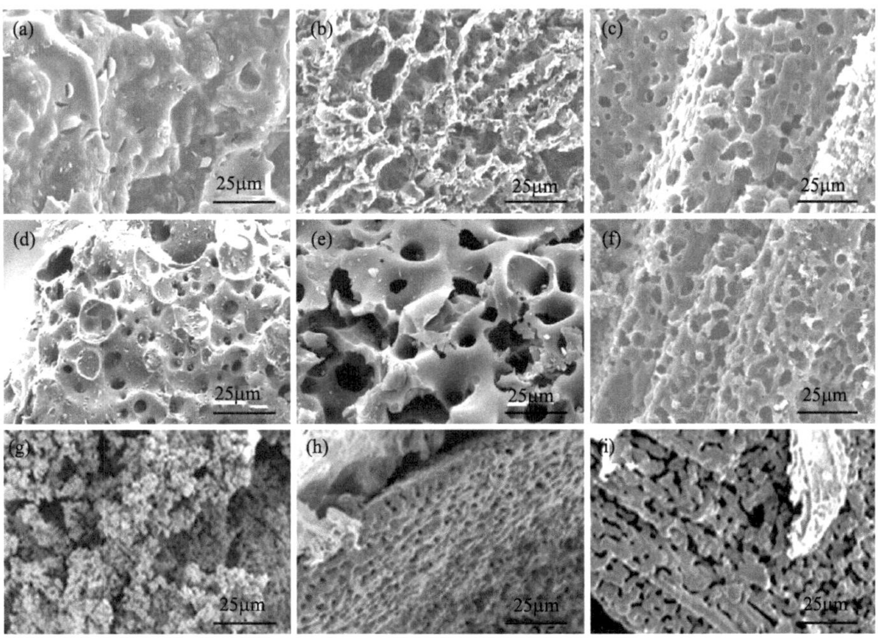

图 4-2　扫描电镜图

(a) 直接热解生物炭 BC；(b)～(e)分别为 $FeCl_3$ 和 $ZnCl_2$ 共活化制备的生物炭，BC4、BC3、BC2、BC1；(f)～(i)分别为 $FeCl_3$、$ZnCl_2$、H_2O(g) 共活化制备的生物炭，BC3-1、BC4-1、BC3-2、BC3-3

4.1.2.2　微观孔结构演变

图 4-3 为使用不同比例金属盐和水蒸气在 900℃活化 100min 制备得到的

多孔生物炭的等温吸附曲线和孔径分布情况。如图 4-3(a) 所示，$FeCl_3$ 和 $ZnCl_2$ 活化制备生物炭样品的等温吸附曲线均为 I 类吸附曲线[6,7]。未使用活化剂，直接热解得到生物炭 BC 的吸附曲线为Ⅳ类吸附曲线，N_2 吸附区域主要集中在较小的孔径范围，表明生物炭 BC 微观孔结构以微孔为主。图 4-3(b) 是使用不同比例金属盐活化制备生物炭的孔径分布图，显然所有生物炭孔径以微孔为主。其中当活化剂中 $ZnCl_2$ 的比例较高时，有助于生物炭中 0.5nm 左右微孔的形成。当活化剂中 $FeCl_3$ 的比例变化时，对生物炭的孔径影响不突出。

当 $H_2O(g)$ 与金属盐同时作为活化剂时，如图 4-3(c) 和 (d) 所示，吸附等温曲线出现回滞环，表明生物炭中存在部分介孔，孔径分布图显示介孔主要分布于 3.8nm，但孔径仍是以微孔为主。生物炭孔径从 0.5nm 开始向 1～2nm 范围内迁移，表明添加 $H_2O(g)$ 活化有助于微孔扩孔。

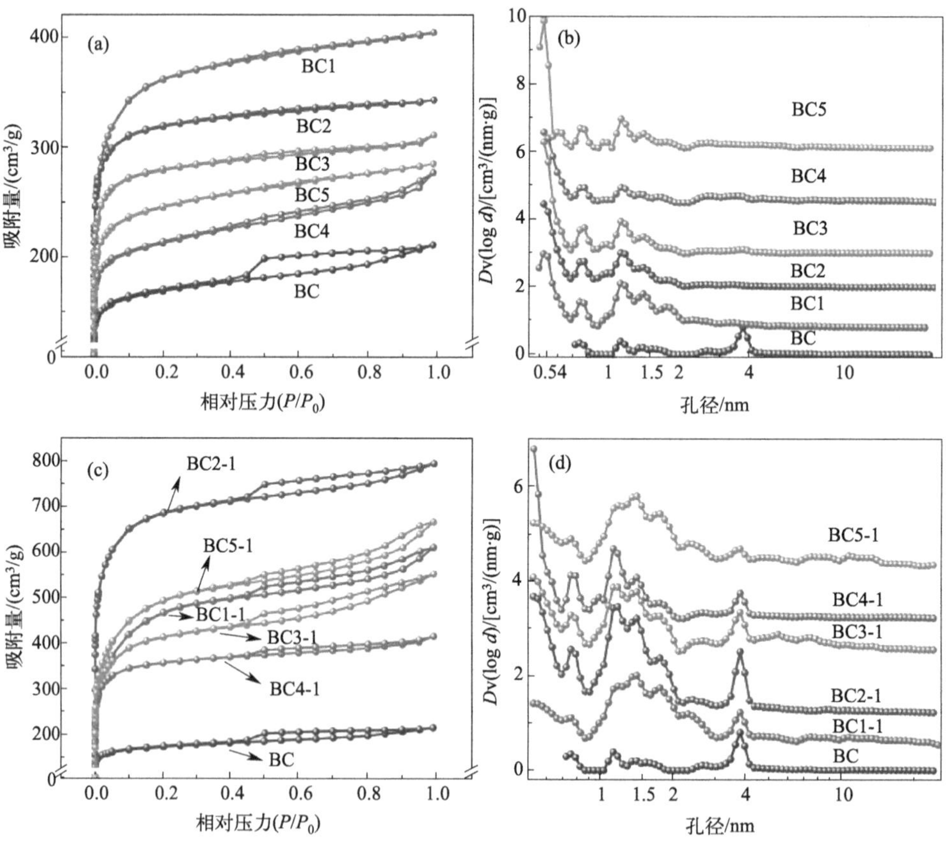

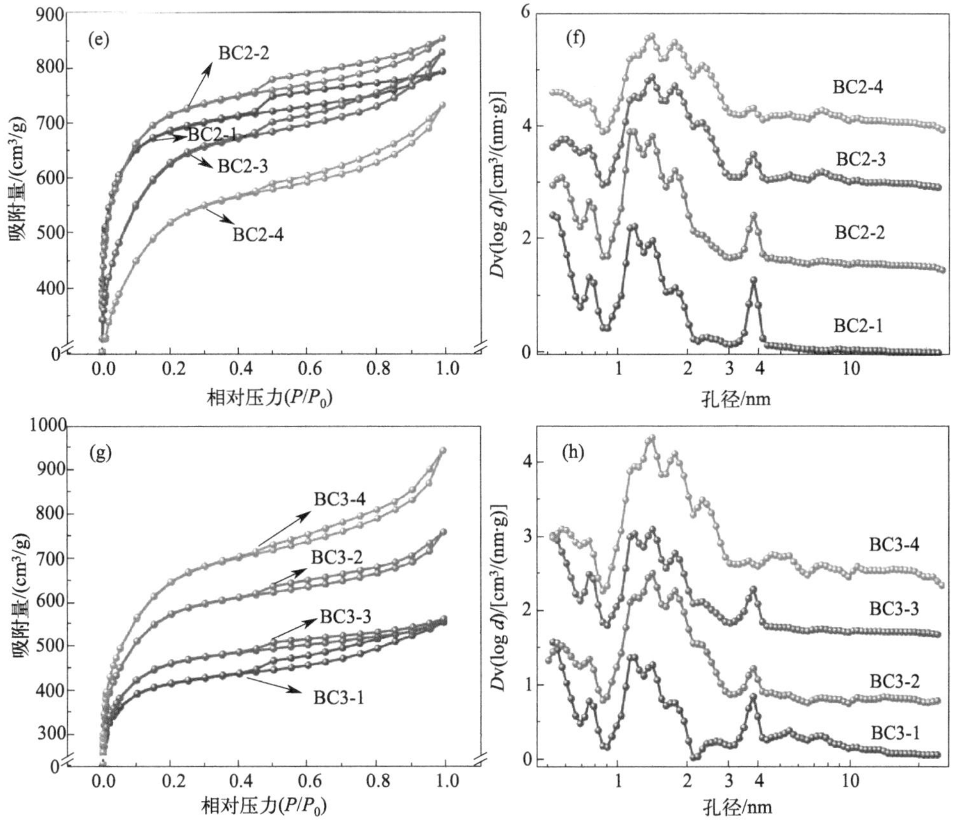

图 4-3　生物炭的 N_2 吸脱附曲线（a）、（c）、（e）、（g）和孔径分布图（b）、（d）、（f）、（h）

固定金属盐 $FeCl_3$ 和 $ZnCl_2$ 的比例（BC2 和 BC3），通过调整 $H_2O(g)$ 用量来优化生物炭的孔隙结构，如图 4-3(e)～(h)所示。随着 $H_2O(g)$ 用量的增加，生物炭的孔径仍以微孔为主，而分布在 0.5nm 左右的微孔大幅减少，在 2～3nm 的孔大幅增加，分布于 3.8nm 的孔逐渐减少，表明 $H_2O(g)$ 可扩散至微孔进行扩孔，从而调节生物炭的孔径分布。

表 4-3 列出了不同活化剂制备生物炭的孔结构参数。采用两种金属盐共活化时制备的生物炭具有较大的比表面积和孔体积，均大于使用单种金属盐活化的生物炭。活化剂中 $ZnCl_2$ 的质量增加，比表面积、总孔体积和微孔体积均增加。以核桃壳：$FeCl_3 \cdot 6H_2O$：$ZnCl_2 \cdot 6H_2O$ 比例为 5：1：3 时制备生物炭 BC1 的比表面积和总孔体积最大，分别为 1370.35m^2/g、0.63cm^3/g。对比

BC4 和 BC5 的孔结构参数，单独以 $ZnCl_2$ 为活化剂制备生物炭 BC5 具有更高的比表面积和微孔体积。以上表明 $ZnCl_2$ 活化可以形成更多的微孔。

表 4-3 生物炭的孔结构参数

样品	比表面积/(m^2/g)	孔体积/(cm^3/g)	介孔体积/(cm^3/g)	微孔体积/(cm^3/g)	微孔比例
BC1	1370.35	0.63	0.06	0.54	0.86
BC2	1267.47	0.54	0.03	0.49	0.91
BC3	1111.41	0.49	0.05	0.43	0.88
BC4	836.55	0.43	0.11	0.31	0.72
BC5	960.93	0.45	0.06	0.37	0.82
BC1-1	1693.68	0.94	0.25	0.64	0.68
BC2-1	2584.91	1.28	0.21	1.01	0.79
BC3-1	1548.45	0.85	0.27	0.58	0.68
BC4-1	1388.39	0.64	0.11	0.53	0.83
BC5-1	1793.70	1.03	0.30	0.67	0.65
BC2-2	2647.78	1.32	0.25	0.54	0.41
BC2-3	2261.46	2.58	0.33	0.40	0.16
BC2-4	1862.89	1.13	0.34	0.69	0.61
BC3-2	2074.61	1.17	0.31	0.54	0.46
BC3-3	1683.07	0.87	0.18	0.49	0.56
BC3-4	2316.76	1.46	0.51	0.43	0.29

注：介孔体积和介孔比表面积使用 BJH（Barret-Joyner-Halenda）模型计算得到；微孔体积和微孔比表面积通过 t-plot 方法获得。

$FeCl_3$、$ZnCl_2$ 和 $H_2O(g)$ 共活化时，生物炭的比表面积和孔体积大幅增加，微孔比例基本呈现下降趋势。当核桃壳：$FeCl_3 \cdot 6H_2O$：$ZnCl_2 \cdot 6H_2O$ 质量比为 5：1.5：1.5、H_2O 用量为 0.1mL/min 时，生物炭 BC2-1 的比表面积为 2584.91m^2/g，孔体积为 1.28cm^3/g。但随着 $H_2O(g)$ 用量的继续增加，生物炭的比表面积和孔体积呈现先增加后减小的趋势，微孔比例持续降低。这主要是因为 $H_2O(g)$ 可扩散至微孔，与生物炭反应起到扩孔作用；但 $H_2O(g)$ 用量过高时，与生物炭过度反应使得孔塌陷或发生合并，造成生物炭比表面积和孔体积下降。

4.1.2.3 生物炭的有序度

金属盐会加快生物质热解速率，降低热解所需的能耗，并且改变碳的晶相。通过 XRD 表征分析生物炭的石墨化及有序度，结果如图 4-4 所示。XRD 图谱中均显示出两个宽衍射峰，在 $2\theta=23°\sim25°$ 对应的是碳（002）晶面衍射峰，在 $2\theta=44°$ 是碳的（100）晶面衍射峰，分别代表碳结构的石墨化程度和有序度[8,9]。图 4-4(a) 中，调节活化剂 $FeCl_3$ 和 $ZnCl_2$ 比例，碳的（100）与（002）晶面衍射峰的半峰宽及峰强度变化不明显，表明 $FeCl_3$ 和 $ZnCl_2$ 的比例变化对生物炭石墨化和有序程度没有显著影响。图 4-4(b)～(d) 是 $FeCl_3$、$ZnCl_2$ 和 $H_2O(g)$ 共活化制备生物炭的 XRD 谱图，当 $H_2O(g)$ 用量增加时，碳的（002）晶面衍射峰强度不断减弱甚至消失，主要归因于 $H_2O(g)$ 与生物炭反应使得孔隙变得更加发达，破坏了石墨层的结构，使碳结构更加无序。

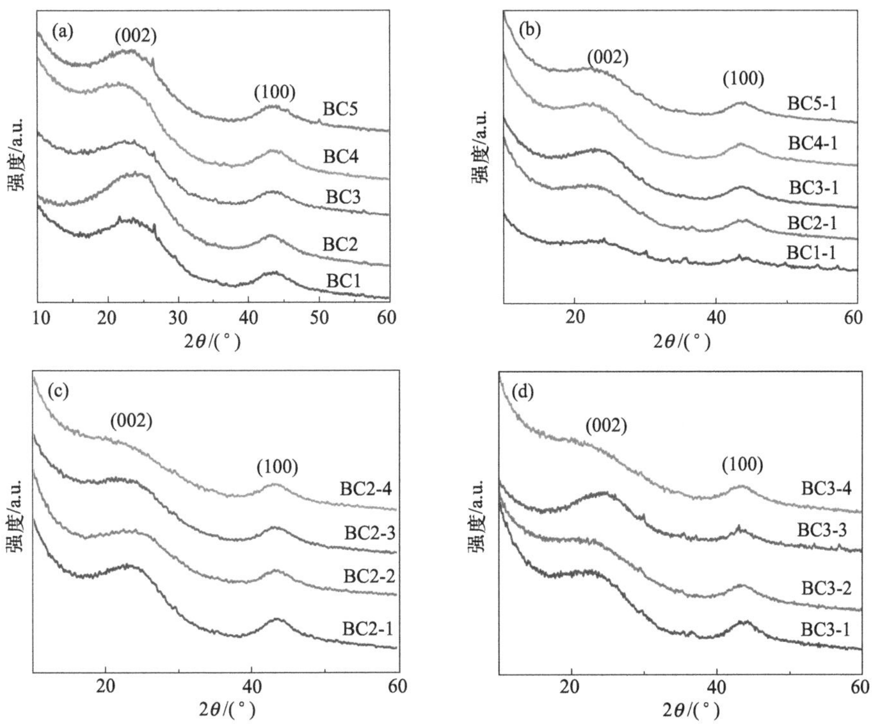

图 4-4　X 射线衍射图谱

(a) $FeCl_3$、$ZnCl_2$ 活化制备的生物炭；(b)～(d) $FeCl_3$、$ZnCl_2$ 和 $H_2O(g)$ 共活化制备的生物炭

采用 Raman 光谱进一步分析生物炭中碳的结构缺陷，如图 4-5 所示。所有的生物炭样品均具有典型的特征峰 D 峰和 G 峰，分别对应具有缺陷的无序

碳原子结构与碳原子 SP^2 杂化的石墨烯层[10,11]。生物炭的有序度可通过 D 峰和 G 峰的强度比值（I_D : I_G）进行评价。一般而言，D 峰和 G 峰的强度比（I_D : I_G）越高，生物炭中碳的无序度越高[12]。图 4-5(a) 是金属盐共活化生物炭的 Raman 图谱，$FeCl_3 \cdot 6H_2O$ 和 $ZnCl_2 \cdot 6H_2O$ 的比例对 D 峰和 G 峰的强度比具有较为明显的影响。金属盐的比例变化时，通过计算得到 I_D : I_G 强度比在 0.99～1.00 之间，$FeCl_3 \cdot 6H_2O$ 和 $ZnCl_2 \cdot 6H_2O$ 的比例会对生物炭的有序度造成一定影响。活化过程中加入 $H_2O(g)$，I_D : I_G 比值增加至 1.01～1.06 之间，表明 $FeCl_3$、$ZnCl_2$ 和 $H_2O(g)$ 共活化可增强生物炭中碳的无序度。

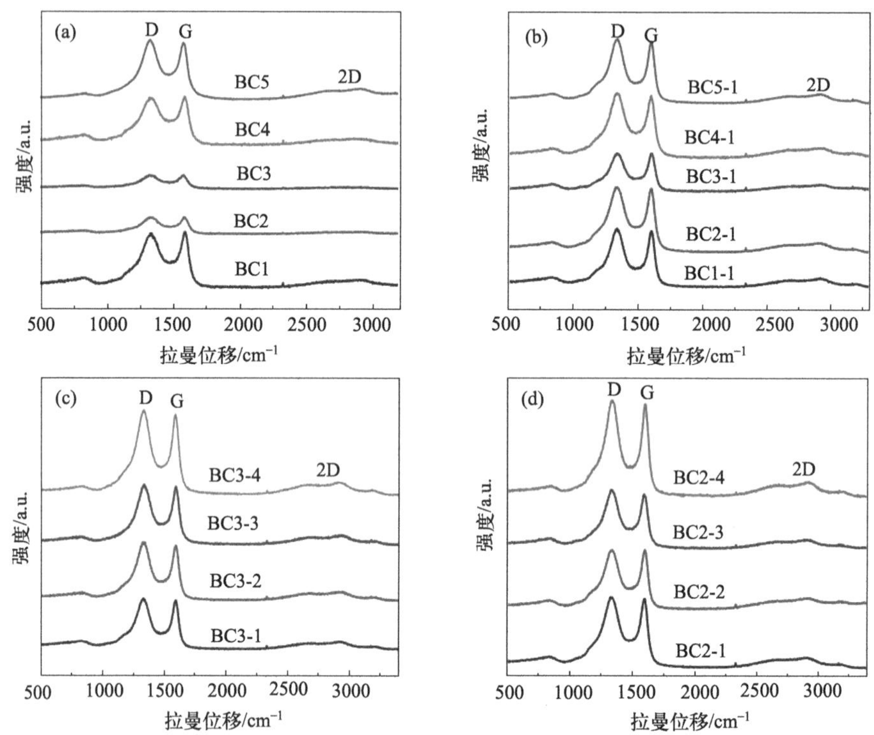

图 4-5　拉曼谱图

(a) $FeCl_3$、$ZnCl_2$ 活化制备的生物炭；(b)～(d) $FeCl_3$、$ZnCl_2$ 和 $H_2O(g)$ 共活化制备的生物炭

4.1.2.4　表面官能团

采用红外光谱仪对生物炭表面的官能团进行分析，如图 4-6 所示。使用

$ZnCl_2$、$FeCl_3$ 和 H_2O(g) 共活化制备的生物炭具有几乎相同的吸收峰。在波数为 3426cm^{-1} 与 1630cm^{-1} 处均出现了—OH/—NH 与 C═O/—NH 的振动峰，这表明所有生物炭表面均有含氧官能团和氨基官能团[13,14]。3426cm^{-1} 处的—OH 官能团可能来源于空气中的 H_2O。生物炭 BC1 与 BC3-3 在 2974cm^{-1} 处出现了 C—H 峰。同时，BC3-3 在 1087cm^{-1} 与 1043cm^{-1} 处分别出现了 C—O 拉伸振动峰。生物炭中含有—OH/—NH 碱性基团，有助于增强 CO_2 的吸附。此外，生物炭表面的官能团种类及数量较少，这主要是因为经过金属盐及 H_2O(g) 在 900℃ 活化后，生物炭表面的有机物被催化分解挥发。

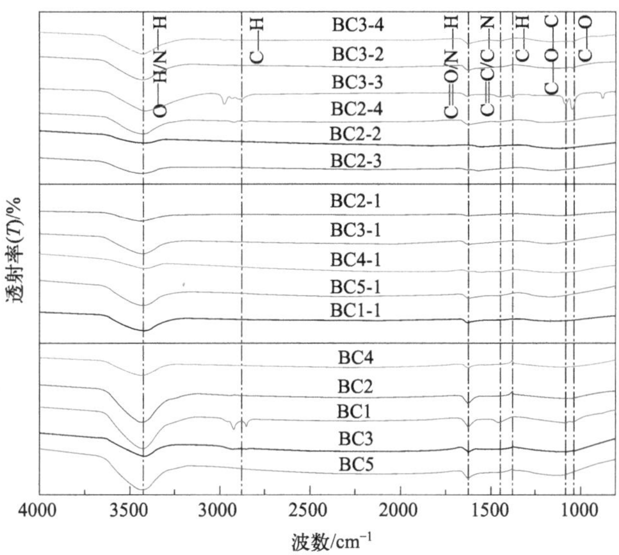

图 4-6　生物炭的 FT-IR 图谱

4.1.3　CO_2 吸附性能

在 0℃ 和 25℃ 条件下测试生物炭的吸附性能，其 CO_2 吸附量见表 4-4。BC3 和 BC3-4 具有优异的 CO_2 吸附能力。在 0℃ 时，BC3 的 CO_2 吸附量 (4.61mmol/g) 低于 BC3-4 (4.79mmol/g)，但在 25℃ 时，BC3 的 CO_2 吸附量 (3.02mmol/g) 高于 BC3-4 (2.58mmol/g)。采用 $FeCl_3$、H_2O(g) 共活化时，生物炭 BC4-1 在 0℃ 的吸附量比 BC4 增加了 0.75mmol/g。结果表明，

加入适量的 H_2O（g）改变了生物炭的孔隙结构，促进了 0℃时 CO_2 的吸附。温度升高后，生物炭的吸附均下降，但 25℃时吸附性高的样品在 0℃时吸附性不高。例如，BC3-4 在 0℃ 时的吸附量最高，但在 25℃ 时的吸附量仅为 2.58mmol/g。分析表 4-3 中比表面积、孔体积、微孔体积和微孔比例对 CO_2 吸附性能的影响，发现这些因素与 CO_2 吸附性能没有直接关系。Deng 等[15]发现 CO_2 吸附是一个放热过程，温度对 CO_2 吸附量有很大影响。此外，不同的碳材料在大气压下对温度的敏感性不同，这取决于吸附剂中狭窄微孔的数量[16,17]。进一步研究了微孔效应对 CO_2 吸附剂性能的影响。

表 4-4　不同吸附剂在不同温度条件下的 CO_2 吸附量

吸附剂	活化剂	CO_2 吸附量/(mmol/g)	
		0℃	25℃
BC1	$FeCl_3$、$ZnCl_2$	4.17	2.81
BC2	$FeCl_3$、$ZnCl_2$	4.42	3.20
BC3	$FeCl_3$、$ZnCl_2$	4.61	3.02
BC4	$FeCl_3$、$ZnCl_2$	4.24	2.81
BC5	$FeCl_3$、$ZnCl_2$	4.07	2.95
BC1-1	$FeCl_3$、$ZnCl_2$、H_2O(g)	3.85	2.40
BC2-1	$FeCl_3$、$ZnCl_2$、H_2O(g)	4.56	2.72
BC3-1	$FeCl_3$、$ZnCl_2$、H_2O(g)	4.44	2.77
BC4-1	$FeCl_3$、$ZnCl_2$、H_2O(g)	4.27	2.76
BC5-1	$FeCl_3$、$ZnCl_2$、H_2O(g)	4.72	2.63
BC2-2	$FeCl_3$、$ZnCl_2$、H_2O(g)	4.57	2.71
BC2-3	$FeCl_3$、$ZnCl_2$、H_2O(g)	4.26	2.89
BC2-4	$FeCl_3$、$ZnCl_2$、H_2O(g)	3.03	2.44
BC3-2	$FeCl_3$、$ZnCl_2$、H_2O(g)	4.12	2.59
BC3-3	$FeCl_3$、$ZnCl_2$、H_2O(g)	4.20	2.41
BC3-4	$FeCl_3$、$ZnCl_2$、H_2O(g)	4.79	2.58

随着吸附温度的升高，窄微孔对生物炭材料 CO_2 吸附的影响关系发生了变化，因而建立了不同窄微孔体积与 0℃和 25℃下 CO_2 吸附量的线性关系，如图 4-7 和图 4-8 所示。在 0℃时，随着孔径范围上限的增加，相关系数 R^2 呈先增大后减小的趋势（图 4-7）。在 0.33～0.82nm 的孔径范围内，拟合系数最

高 R^2＝0.99，说明在 0℃时，0.33～0.82nm 的孔径对 CO_2 的吸附起主要作用。从图 4-7(b)～(c)可以看出，当孔径范围从 0.46nm 增加到 0.72nm 时，R^2 出现了激增，说明在 0.46～0.72nm 范围内的孔对促进 CO_2 吸附影响较大。这是因为 0.46～0.72nm 的微孔可为 CO_2 提供更多的空间来调整其在孔中的位置。由图 4-7(d)～(f)可知，当孔径范围高于 0.82nm 时，R^2 逐渐减小，说明大于 0.82nm 的孔对 CO_2 吸附的贡献逐渐减小。

在 25℃时，R^2 随着孔径上限的增大而减小（图 4-8）在 0.33～0.39nm 孔径范围内，R^2 最高（0.85）。这表明微孔越小越有利于 25℃时的 CO_2 吸附，0.33～0.39nm 范围的孔对促进该温度下的吸附起重要作用。与 0℃相比，CO_2 气体分子在 25℃时运动剧烈，具有更高的功能，更容易克服吸附剂表面的范德华力，使得吸附量降低。而 0.33～0.39nm 范围的孔与 CO_2 的分子动力学直径相当，更容易束缚 25℃时的 CO_2 气体分子。

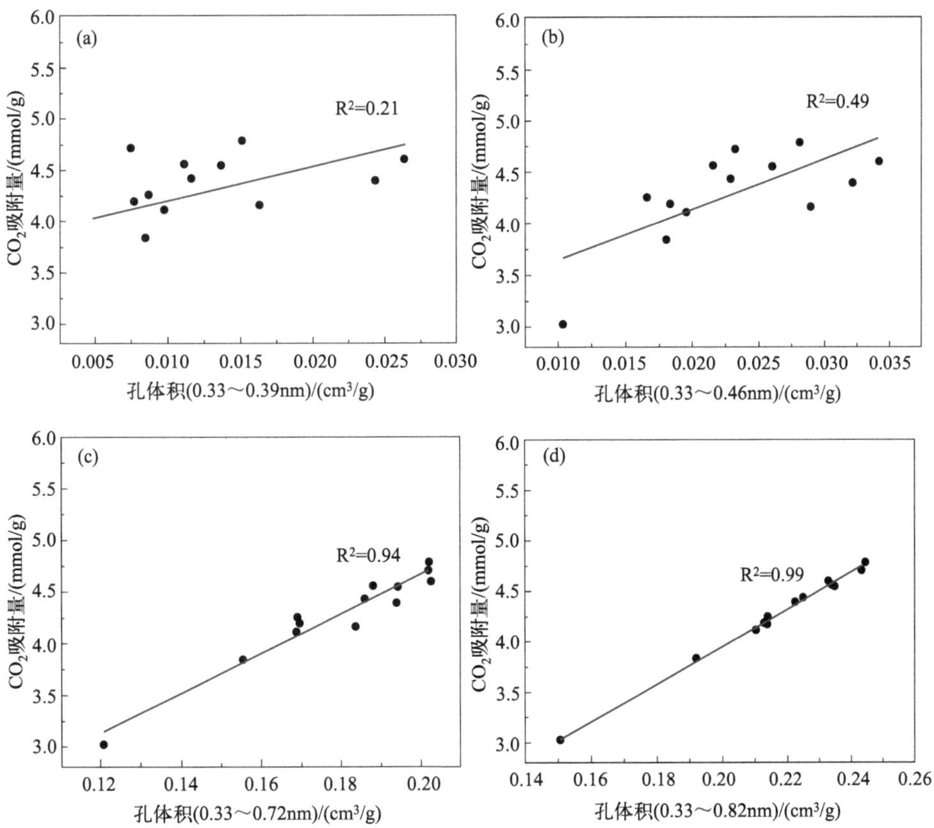

图 4-7

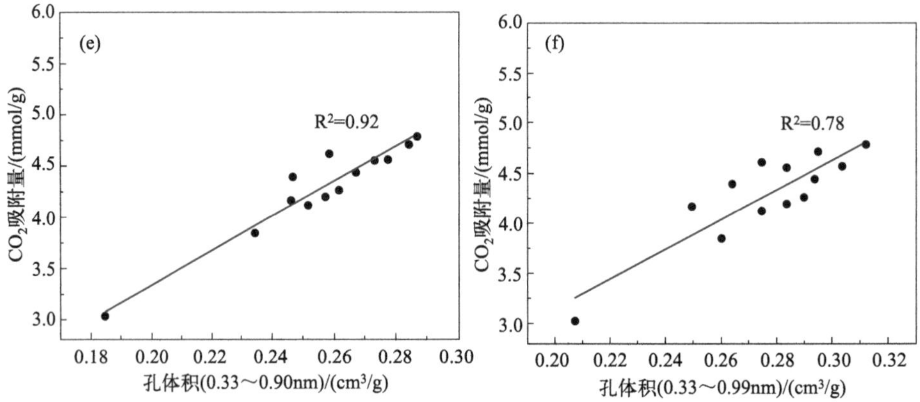

图 4-7　不同范围孔径的累计孔体积与 0℃时的 CO_2 吸附量的线性关系

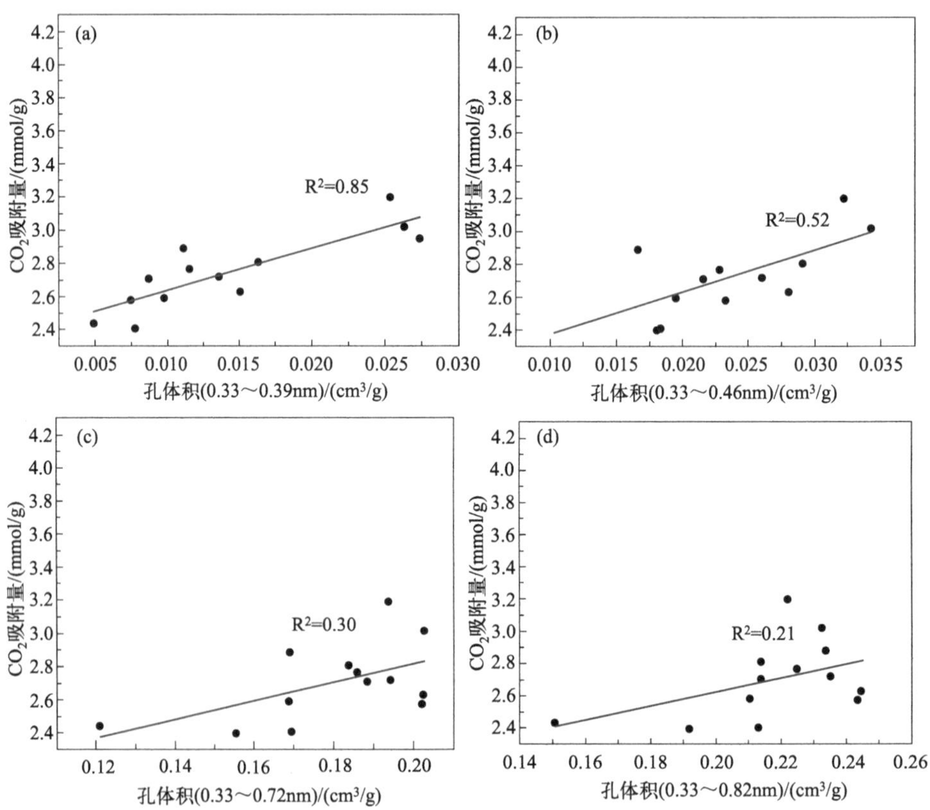

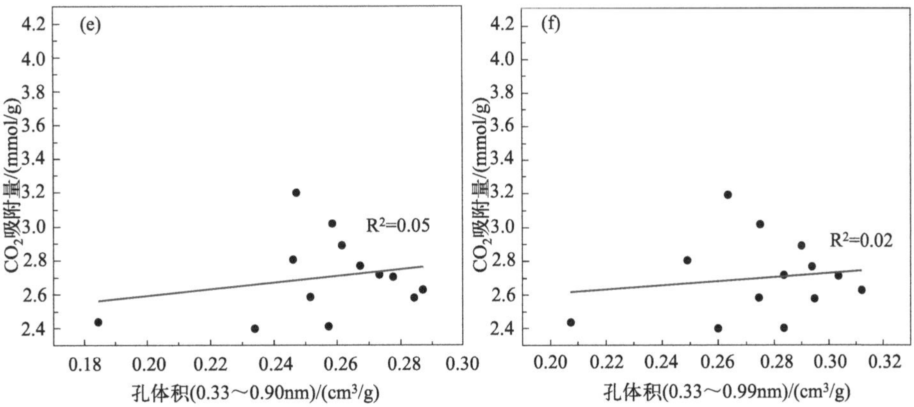

图4-8　不同范围孔径的累计孔体积与25℃时的CO_2吸附量的线性关系

4.2 TEPA浸渍生物质基炭材料

生物炭在0℃对CO_2具有较高的吸附能力。但是，当吸附温度升高时，生物炭对CO_2吸附能力大幅降低，因此不适用于高温CO_2吸附[18,19]。为了提高实际烟气温度、混合气氛下的CO_2吸附选择性，以介孔生物炭为载体，TEPA为改性剂制备固体胺吸附剂，考察其在干燥模拟烟气和含水烟气中的吸附性能。

4.2.1 TEPA浸渍生物炭材料的制备

(1) 制备过程

称取一定质量$FeCl_3 \cdot 6H_2O$和$Mg(NO_3)_2 \cdot 6H_2O$溶解到500mL去离子水中，并将一定质量筛分的核桃壳加到溶液中，搅拌均匀后干燥。然后置于管式炉中，在含水蒸气的氮气气氛下热解炭化，加热至900℃反应100min。采用0.3mol/L盐酸将冷却后的生物炭进行洗涤，再用去离子水洗至中性后进行干燥。将得到的生物炭分别命名为RBC（未使用活化剂制备的生物炭）、HBC[H_2O(g)活化制备得到的生物炭]、FMBC[$FeCl_3$和$Mg(NO_3)_2$共活化剂制备的生物炭]、CBC[$FeCl_3$、$Mg(NO_3)_2$和H_2O(g)共活化制备的生物炭]。最后采用浸渍法进行生物炭的 TEPA 改性，得到固体胺吸附剂命名为 CBC-x-TEPA，其中 x（x=20、30、40、50、60）代表负载 TEPA 的质量分数。

（2）生物炭筑孔机理

$FeCl_3 \cdot 6H_2O$、$Mg(NO_3)_2 \cdot 6H_2O$ 和 $H_2O(g)$在生物质热解过程中具有重要的作用。在加热过程中，$FeCl_3 \cdot 6H_2O$ 最终分解为 Fe_2O_3，如 R4-1～R4-3 所示；Fe_2O_3 与热解产生的还原性气氛、碳元素反应，被还原为 FeO 和 Fe 单质，如 R4-4～R4-6 所示。热解过程通入 $H_2O(g)$，$H_2O(g)$与被还原的 FeO 和 Fe 发生了氧化反应，重新氧化为 Fe_3O_4，具体的反应如 R4-7 与 R4-8 所示。同时，$H_2O(g)$与生物炭碳元素反应，起到扩孔与筑孔作用。$H_2O(g)$在高温条件下与反应产生的 CO 发生水煤气变换反应（R4-10），CO_2 与碳反应（R4-11）达到筑孔目的。$Mg(NO_3)_2 \cdot 6H_2O$ 经加热脱去水分子，进而热解为 MgO，具体反应如 R4-12 与 R4-13 所示。MgO 在热解反应中起到催化作用。

$$FeCl_3 \cdot 6H_2O \longrightarrow FeCl_3 \cdot 3H_2O + 3H_2O \tag{R4-1}$$

$$FeCl_3 \cdot 3H_2O \longrightarrow Fe(OH)_3 + 3HCl \tag{R4-2}$$

$$Fe(OH)_3 \longrightarrow FeO(OH) \longrightarrow Fe_2O_3 \tag{R4-3}$$

$$3Fe_2O_3 + 4H_2(CO,C) \longrightarrow 2Fe_3O_4 + 4H_2O(CO_2,CO) \tag{R4-4}$$

$$Fe_3O_4 + H_2(CO,C) \longrightarrow 3FeO + H_2O(CO_2,CO) \tag{R4-5}$$

$$Fe_3O_4 + 4H_2(CO,C) \longrightarrow 3Fe + 4H_2O(CO_2,CO) \tag{R4-6}$$

$$3FeO + H_2O(g) \longrightarrow Fe_3O_4 + H_2 \tag{R4-7}$$

$$3Fe + 4H_2O(g) \longrightarrow Fe_3O_4 + 4H_2 \tag{R4-8}$$

$$C + H_2O(g) \longrightarrow CO + H_2 \tag{R4-9}$$

$$CO + H_2O(g) \longrightarrow CO_2 + H_2 \tag{R4-10}$$

$$CO_2 + C \longrightarrow 2CO \tag{R4-11}$$

$$Mg(NO_3)_2 \cdot 6H_2O \longrightarrow Mg(NO_3)_2 + 6H_2O \tag{R4-12}$$

$$Mg(NO_3)_2 \longrightarrow MgO + 2NO_2 + \frac{1}{2}O_2 \tag{R4-13}$$

图 4-9 的 XRD 图谱反映了生物炭热解反应过程中金属盐的变化。在初始阶段，$FeCl_3 \cdot 6H_2O$ 和 $Mg(NO_3)_2 \cdot 6H_2O$ 迅速热解，铁的氧化物被还原，并且发生烧结反应生成 MgO 与 FeO 的固溶体 MgO(0.91)FeO(0.09)。当热解反应持续 20min 时，反应生成的固溶体——MgO 与 FeO 的比例发生了变

化，为 MgO(0.77)FeO(0.23)。反应进行至 20～40min 时，MgO 与 FeO 的固溶体发生明显变化。当通入 H_2O(g) 后，MgO 与 FeO 的固溶体分离，FeO 被氧化，出现了单独的 MgO 与 Fe_3O_4 晶相。随着反应的进行，图中 Fe_3O_4 峰的数目和强度均增加。Fe_3O_4、生物炭和 H_2O(g) 之间能够不断发生氧化还原反应，进而增加生物炭中孔的数量。

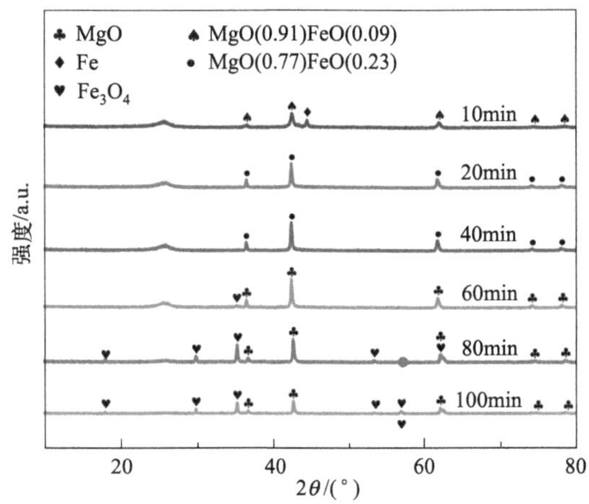

图 4-9　热解反应过程中的 XRD 图谱

4.2.2　微观孔结构及化学性质表征分析

结合扫描电镜图（图 4-10）分析生物炭的表观形貌。未使用活化剂直接热解制备生物炭 RBC 的表观形貌如图 4-10(a) 所示，表面分布较多大孔，但孔隙结构不发达。H_2O(g)活化制备生物炭 HBC 的表观形貌如图 4-10(b) 所示，由于 H_2O(g)与生物质表面的碳反应，生物炭表面形成许多不均匀的孔结构。使用 $FeCl_3 \cdot 6H_2O$ 和 $Mg(NO_3)_2 \cdot 6H_2O$ 共活化制备生物炭 FMBC 的表观形貌如图 4-10(c) 所示，表面出现了许多层状结构和较大的裂缝，但生物炭表面孔较少，以大孔为主。

$FeCl_3 \cdot 6H_2O$、$Mg(NO_3)_2 \cdot 6H_2O$ 和 H_2O(g)共活化制备生物炭 CBC 的表观形貌如图 4-10(d) 和 (e) 所示。酸洗前，生物炭的表面分布有金属氧化物颗粒，表面孔分布较均匀。酸洗去除金属氧化物颗粒后，生物炭表面呈现出多孔簇状叠层结构，使得生物炭具有较大的比表面积和孔体积。

TEPA 改性介孔生物炭的表观形貌如图 4-10(f) 所示，改性后生物炭表面堆叠的多孔簇状结构依然存在，但是部分堆叠的片状结构被破坏，使堆叠片状团簇变小。

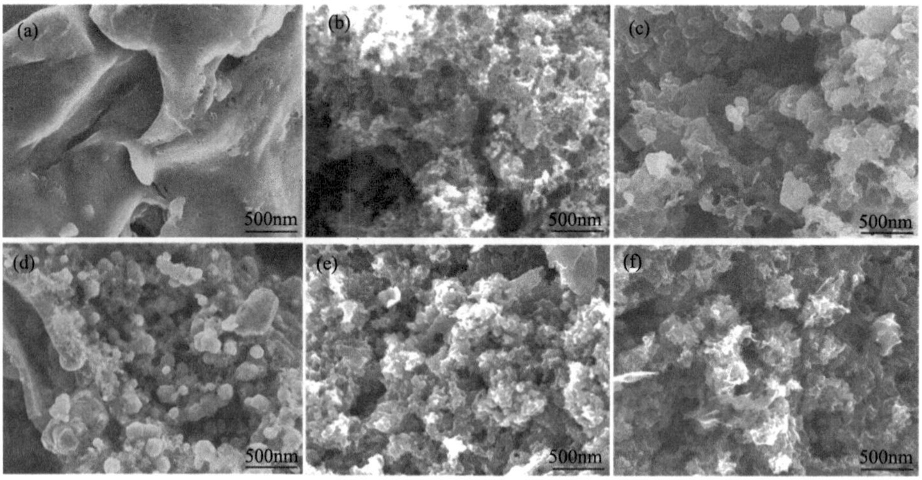

图 4-10　扫描电镜图

(a) RBC；(b) HBC；(c) FMBC；(d) CBC 酸洗前；(e) CBC 酸洗后；(f) CBC-50-TEPA

图 4-11 为生物炭的氮气吸脱附曲线和孔径分布图。生物炭 CBC 的等温吸附曲线的回滞环最明显，表明存在较高比例的介孔。HBC 在初始吸附阶段具有较高吸附量，说明其微孔体积最高。FMBC 与 RBC 的吸附曲线较接近，说明单独使用 $FeCl_3 \cdot 6H_2O$ 和 $Mg(NO_3)_2 \cdot 6H_2O$ 为活化剂时造孔作用不明显。CBC-50-TEPA 吸附曲线的滞回环减小，且初始阶段吸附量几乎为零，这是由于 TEPA 填充了 CBC 微孔、介孔。

图 4-11(b) 是生物炭及吸附剂的孔径分布曲线，孔径分布范围在 0～30nm 之间。生物炭 RBC 的孔径主要分布在 1～4nm，且吸附量较低，表明 RBC 的孔隙不发达。HBC 通过 $H_2O(g)$ 活化后，其在 0.5～0.8nm、1～2nm 和 3～8nm 孔的比例增多，且以 0.5～0.8nm 的微孔居多。FMBC 的孔径主要分布在 3.98nm。使用 $H_2O(g)$、$FeCl_3$ 和 $Mg(NO_3)_2$ 三者共活化制备生物炭 CBC 的孔径主要分布在 4～20nm 之间。吸附剂 CBC-50-TEPA 的孔径主要分布在 3～4nm 之间。

表 4-5 列出了不同生物炭的孔结构参数。RBC 具有较小的比表面积

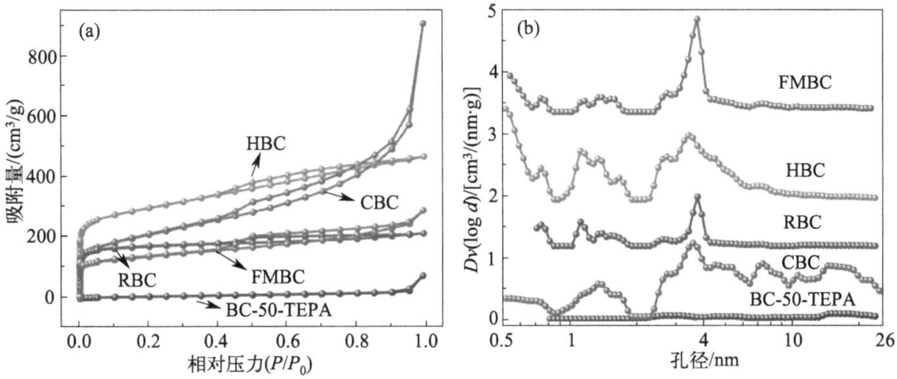

图 4-11　N_2 吸脱附曲线（a）及孔径分布图（b）

(667.42m^2/g)、总孔体积（0.33m^3/g）和介孔体积（0.09m^3/g)。HBC 具有最高的比表面积，但总孔体积和介孔体积较小，有机胺浸渍易使孔道发生堵塞，造成有机胺负载量降低。生物炭 FMBC 的比表面积、总孔体积和介孔体积均较小，虽介孔比例（介孔体积：总孔体积的值）相较于 RBC 有所提高，但仍不适用于有机胺改性。生物炭 CBC 的比表面积（744.38m^2/g)、孔体积（1.41cm^3/g）均明显增加，介孔体积由 0.09cm^3/g 增加到 1.23cm^3/g，有助于 TEPA 负载与分散。负载 TEPA 后，孔体积降低至 0.12cm^3/g。

表 4-5　生物炭的孔结构参数

生物炭	比表面积/(m^2/g)	孔体积/(cm^3/g)	介孔体积/(cm^3/g)	平均孔径/nm
RBC	667.42	0.33	0.09	1.98
HBC	998.50	0.727	0.31	2.91
FMBC	500.18	0.45	0.31	3.61
CBC	744.38	1.41	1.23	7.57
CBC-50-TEPA	23.67	0.12	0.11	19.39

表 4-6 为生物炭 CBC 及吸附剂 CBC-50-TEPA 的元素分析，生物炭 CBC 的 C 含量高达 94.51%，而 H、O、N 的含量非常低，分别为 0.66%、0.19%、0.47%，主要原因是在较高的热解温度下，生物质中官能团及侧链脱落，桥键被打开转变成挥发分。经过 TEPA 浸渍改性后，

吸附剂中 C 含量为 71.53%，N 含量为 7.34%，相较于 CBC 中增加了 28.6 倍，表明 TEPA 成功负载到生物炭孔道结构中，增加了氨基活性位点。根据 N 元素含量计算得到吸附剂 CBC-50-TEPA 中 TEPA 的实际负载量为 35.0%，低于 50%。一方面是因为在 TEPA 浸渍改性过程中，小部分胺粘在烧杯的壁上造成损失；另一方面，生物炭的 TEPA 负载量是有限的，当较多的胺基负载在生物炭的表面会使表面的孔发生堵塞，TEPA 不能进一步负载到生物炭孔道内部，因而造成 TEPA 的实际负载量小于理论计算的负载量。此外，吸附剂中 O 含量的增加，可能是吸附剂吸附空气中的 H_2O 和 CO_2 造成的。

表 4-6　生物炭 CBC 与吸附剂 CBC-50-TEPA 的元素分析（质量分析）

样品	C/%	H/%	O/%	N/%
CBC	94.51	0.66	0.19	0.47
CBC-50-TEPA	71.53	3.89	4.43	7.34

4.2.3　CO_2 吸附性能优化

4.2.3.1　TEPA 负载量对吸附性能的影响

采用不同质量分数的 TEPA 对生物炭 CBC 进行改性，在干燥烟气（15% CO_2/85% N_2，体积分数）下测试吸附剂的吸附能力，测试条件为 101kPa、60℃。图 4-12(a) 是吸附剂的穿透吸附曲线，当负载量为 20%与 30%时，吸附剂 CBC-20-TEPA 与 CBC-30-TEPA 的穿透吸附时间较短（8min）。随着 TEPA 负载量的增加，穿透吸附时间延长至 14min，表明随着有机胺负载量的增加吸附能力增强。同时，随着 TEPA 负载量的增加，穿透吸附曲线的斜率逐渐减小，表明 CO_2 的传质阻力增加。

图 4-12(b) 为 CBC-*X*-TEPA 的 CO_2 吸附能力和 TEPA 效率，当 TEPA 的负载量为 20%时，CBC-20-TEPA 的 CO_2 吸附量最低为 1.55mmol/g。随着 TEPA 负载量增加至 50%时，吸附剂 CBC-50-TEPA 具有最高吸附量 2.82mmol/g。而负载量进一步增加至 60%时，吸附剂 CBC-60-TEPA 的吸附量下降至 2.66mmol/g。TEPA 效率用来考察吸附剂中负载有机胺的效率，通过计算发现，CBC-20-TEPA 中 TEPA 的效率最高为 14.26mmol/g。随着 TEPA 负载量的增加，TEPA 效率开始降低，CBC-

60-TEPA 的 TEPA 效率为 6.67mmol/g。吸附剂中 TEPA 效率下降的主要原因是，随着 TEPA 负载量的增加，TEPA 浸渍到生物炭载体的孔道深处，表面 TEPA 优先与 CO_2 反应，CO_2 扩散受阻，使得 CO_2 的吸附量下降，造成 TEPA 效率降低。

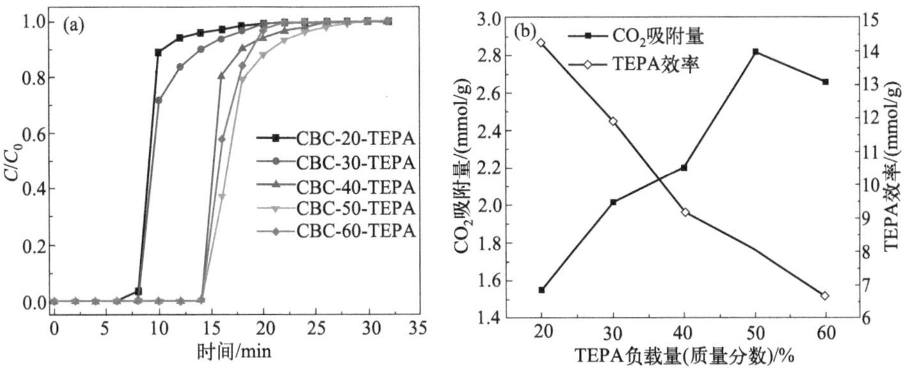

图 4-12　(a) CBC-*X*-TEPA 的 CO_2 穿透吸附曲线和
(b) CBC-*X*-TEPA 的 CO_2 吸附量及胺效率

4.2.3.2　10% H_2O(g)对 CO_2 吸附的影响

以 CBC-50-TEPA 为吸附剂，在含 10%H_2O(g)的模拟烟气［15% CO_2/75% N_2/10% H_2O(g)，体积分数］中测试 CO_2 吸附能力及循环稳定性，结果如图 4-13 所示。吸附剂在干燥烟气中穿透吸附时间为 14min，CO_2 吸附量为 2.82mmol/g，而在含 H_2O(g) 烟气中的穿透吸附时间延长至 18min，吸附量增大为 3.31mmol/g。同时，TEPA 效率也从 8.0mmol/g 增加到 9.4mmol/g。这表明 H_2O(g) 的存在促进了 CO_2 的吸附，其反应机理见 3.1.5 节。

在干燥模拟烟气中进行 10 次吸附循环，吸附剂 CBC-50-TEPA 的吸附量从初始的 2.82mmol/g 降低到 0.86mmol/g，下降了 70.6%。在含 10%H_2O(g) 模拟烟气中，吸附量从 3.31mmol/g 降低到 3.25mmol/g，吸附能力基本保持稳定。在模拟干燥烟气中，吸附反应产物在脱附温度 105℃条件下分解困难，使得循环过程中吸附剂氨基活性位点逐渐减少。在 10%H_2O(g) 烟气中，吸附反应产物为碳酸氢盐，在加热过程中容易分解，使得吸附剂在脱附温度下容易再生，因而可保持较高的循环稳定性。

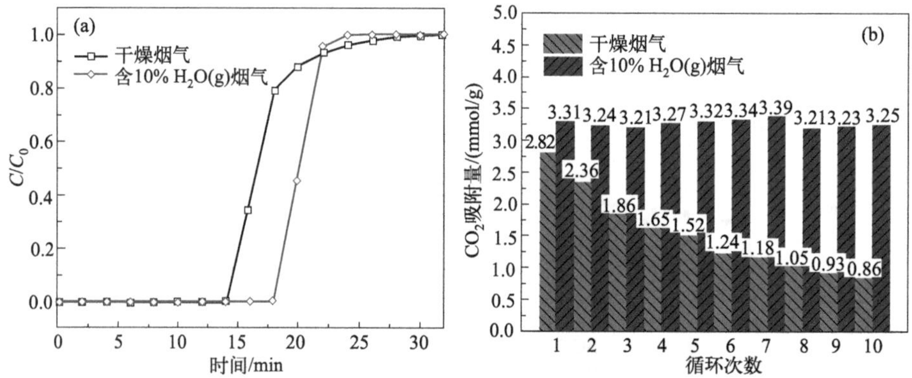

图 4-13　CBC-50-TEPA 在不同烟气中 CO_2 穿透吸附曲线（a）和循环吸附量（b）

4.2.4　吸附剂的失活机理分析

为了进一步探究吸附剂的失活机理，采用 FT-IR 对在不同烟气中 10 次循环后的吸附剂进行表征，结果如图 4-14 所示。将在干燥模拟烟气中循环后的吸附剂 CBC-50-TEPA 的红外谱图与新鲜吸附剂进行对比，循环后吸附剂在 1570cm^{-1} 处的 N—H 吸收峰变弱，1462cm^{-1} 处 C—H 吸收峰几乎消失，在 1658cm^{-1} 处羰基吸收峰加强。在干燥模拟烟气中，吸附剂经过 CO_2 吸附反应后，氨基发生了改变，吸附剂中生成含羰基的尿素基团。研究表明，在较温和的条件下，CO_2 吸附反应的产物氨基甲酸酯与氨基甲酸盐容易脱水形成稳定的尿素基团，而仅仅通过升温的方法很难使吸附剂得到有效再生。在 10% H_2O(g) 干燥模拟烟气中，吸附剂经过 10 次循环后，其红外吸收图谱在 1658 cm^{-1} 处也出现了尿素基团中的羰基峰，在 1570cm^{-1} 与 1462cm^{-1} 处的 N—H 和 C—H 吸收峰也有所减弱。在不同干燥模拟烟气中吸附剂经过 10 次循环后，官能团的变化具有相同趋势，在干燥模拟烟气中吸附剂中尿素基团的形成速度更快，更容易导致吸附剂 CBC-50-TEPA 失去吸附活性。在含 10% H_2O (g) 干燥模拟烟气中，吸附剂中也产生了尿素，而 N—H 和 C—H 峰强度仍然较强，吸附剂也具有较高的吸附活性[20]。这表明当烟气中含有 H_2O(g) 时可以延缓 CBC-50-TEPA 中尿素基团的产生，10% H_2O (g) 有利于吸附剂 CBC-50-TEPA 进行 CO_2 吸附。

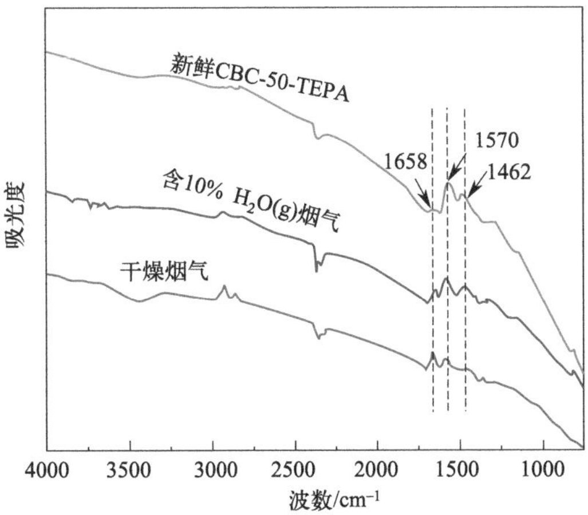

图 4-14　CBC-50-TEPA 在不同模拟烟气中 10 次循环前后的 FT-IR 图谱

固体胺吸附剂在使用过程中容易失活，是因为吸附剂中氨基官能团与 CO_2 反应生成氨基甲酸酯与氨基甲酸盐，容易脱水形成尿素基团，尿素基团中 N 的碱性减弱，即使调控温度氨基也难以再生，因而使吸附能力下降。固体胺吸附剂中形成的尿素基团一般有两种存在形式，链状尿素和环状尿素。链状尿素的生成过程为，氨基与 CO_2 反应生成氨基甲酸，脱水后与氨基继续反应直接生成尿素[21]。氨基与 CO_2 反应生成氨基甲酸，氨基甲酸与胺发生反应生成氨基甲酸铵，氨基甲酸铵继续脱水形成尿素。环状尿素是通过氨基与 CO_2 反应生成氨基甲酸，再经结构转化生成环尿素。环状尿素的第二种生成路径为氨基与 CO_2 反应生成氨基甲酸，继续通过自由基反应生成氨基甲酸铵，氨基甲酸铵再经脱水、结构变化最终生成环状尿素[20, 22]。另外，当水存在时，氨基甲酸盐容易脱水形成尿素基团的反应是可逆的，因而可以有效再生。

4.3　小结

① 金属盐 $FeCl_3$、$ZnCl_2$ 活化的同时引入 H_2O(g)，可以调控生物炭的孔径分布，特别是微孔分布。孔径对 0 °C 和 25 °C 下的 CO_2 吸附影响不同。

② 以 $FeCl_3$、$Mg(NO_3)_2$ 与 H_2O(g)共活化核桃壳，可制备介孔生物炭 CBC，介孔比例可达到 87.23%。负载 50%TEPA 后，增大了其在模拟干燥烟气中动态吸附量，烟气中的 H_2O(g) 提高了胺效率，使吸附量增大。

③ 在模拟干、湿烟气中对吸附剂 CBC-50-TEPA 的循环测试表明，在干燥模拟烟气中吸附反应产生的氨基甲酸盐与氨基甲酸酯容易生成尿素，使吸附剂快速失活。10%H_2O(g)有助于吸附剂保持较高的循环稳定性，经过 10 次循环后吸附能力仅降低了 0.06 mmol/g。

参考文献

[1] Villamil J A, Diaz E, De La Rubia M A, et al. Potential use of waste activated sludge hydrothermally treated as a renewable fuel or activated carbon precursor [J]. Molecules, 2020, 25 (15): 3534.

[2] Xia M, Shao X, Sun Z, et al. Conversion of cotton textile wastes into porous carbons by chemical activation with $ZnCl_2$, H_3PO_4, and $FeCl_3$ [J]. Environmental Science and Pollution Research, 2020, 27 (20): 25186-25196.

[3] Perondi D, Bassanesi G R, Manera C, et al. From cellulose to graphene-like porous carbon nanosheets [J]. Microporous and Mesoporous Materials, 2021, 323: 111217.

[4] Yuan Y, Huang L, Zhang T C, et al. One-step synthesis of $ZnFe_2O_4$-loaded biochar derived from leftover rice for high-performance H_2S removal [J]. Separation and Purification Technology, 2021, 279: 119686.

[5] Lahijani P, Mohammadi M, Mohamed A R. Metal incorporated biochar as a potential adsorbent for high capacity CO_2 capture at ambient condition [J]. Journal of CO_2 Utilization, 2018, 26: 281-293.

[6] Schnee L S, Knauth S, Hapca S, et al. Analysis of physical pore space characteristics of two pyrolytic biochars and potential as microhabitat [J]. Plant and Soil, 2016, 408 (1/2): 357-368.

[7] Rasa K, Viherä-Aarnio A, Rytkönen P, et al. Quantitative analysis of feedstock structural properties can help to produce willow biochar with homogenous pore system [J]. Industrial Crops and Products, 2021, 166: 113475.

[8] Morales L F, Herrera K, López J E, et al. Use of biochar from rice husk pyrolysis: Assessment of reactivity in lime pastes [J]. Heliyon, 2021, 7 (11): e8423.

[9] Tagliaferro A, Rovere M, Padovano E, et al. Introducing the novel mixed gaussian-lorentzian lineshape in the analysis of the Raman signal of biochar [J]. Nanomaterials, 2020, 10 (9): 1748.

[10] Xu J, Liu J, Ling P, et al. Raman spectroscopy of biochar from the pyrolysis of three typical Chinese biomasses: A novel method for rapidly evaluating the biochar property [J]. Energy, 2020, 202: 117644.

[11] Chia C H, Gong B, Joseph S D, et al. Imaging of mineral-enriched biochar by FTIR, Raman and SEM-EDX [J]. Vibrational Spectroscopy, 2012, 62: 248-257.

[12] Sousa D V D, Guimarães L M, Félix J F, et al. Dynamic of the structural alteration of biochar in ancient anthrosol over a long timescale by Raman spectroscopy [J]. PLOS ONE, 2020, 15 (3): e229447.

[13] Yadav T K, Abhishek B P, Singh D, et al. Calcium pretreated pinus roxburghii wood biochar for adsorptive removal of fluoride from Aqueous Solution [J] . Biointerface Research in Applied Chemistry, 2021, 12 (4): 4307-4316.

[14] Bashir S, Zhu J, Fu Q, et al. Comparing the adsorption mechanism of Cd by rice straw pristine and KOH-modified biochar [J] . Environmental Science and Pollution Research, 2018, 25 (12): 11875-11883.

[15] Deng S B, Wei H R, Chen T. , et al. Superior CO_2 adsorption on pine nut shell-derived activated carbons and the effective micropores at different temperatures [J] . Chem. Eng. J, 2014, 253: 46-54.

[16] Presser V, McDonough J, Yeon S H, et al. Effect of pore size on carbon dioxide sorption by carbide derived carbon [J] . Energy & Environmental Science, 2011, 4(8): 3059-3066.

[17] Wei H R, Deng S B, Hu B Y, et al. Granular bamboo-derived activated carbon for high CO_2 adsorption: The dominant role of narrow micropores [J] . Chemsuschem, 2012, 5 (12): 2354-2360.

[18] Wang P, Guo Y, Zhao C, et al. Biomass derived wood ash with amine modification for post-combustion CO_2 capture [J] . Applied Energy, 2017, 201: 34-44.

[19] Peng H, Zhang J, Zhang J, et al. Chitosan-derived mesoporous carbon with ultrahigh pore volume for amine impregnation and highly efficient CO_2 capture [J] . Chemical Engineering Journal, 2019, 359: 1159-1165.

[20] Li K, Jiang J, Chen X, et al. Research on urea linkages formation of amine functional adsorbents during CO_2 capture process: Two key factors analysis, temperature and moisture [J] . The Journal of Physical Chemistry C, 2016, 120(45): 25892-25902.

[21] Hladnik L, Vicente F A, Novak U, et al. Solubility assessment of lignin monomeric compounds and organosolv lignin in deep eutectic solvents using in situ Fourier-transform infrared spectroscopy [J] . Industrial Crops and Products, 2021, 164: 113359.

[22] Jeon S, Min J, Kim S H, et al. Introduction of cross-linking agents to enhance the performance and chemical stability of polyethyleneimine-impregnated CO_2 adsorbents: Effect of different alkyl chain lengths [J] . Chemical Engineering Journal, 2020, 398: 125531.

第5章

聚乙烯亚胺改性碳纳米管

聚乙烯亚胺（PEI）含有大量氨基，且同时存在伯胺、仲胺、叔胺。将PEI作为有机胺吸收剂，既可以充分利用多胺实现CO_2的高容量吸附，又可以降低解吸能耗，提高循环容量。为了减少胺的浸出损失，支化PEI常被用于固体胺吸附剂的活性组分，这是因为其氨基丰富、挥发性低、稳定性优异以及在20～90℃下具有较高的CO_2捕集/脱附能力[1，2]。此外，考虑到填充吸附剂固定床的效率和尺寸，吸附剂密度是工业应用中吸附剂选择的重要参数[3]。碳纳米管（CNT）具有较低的质量密度，相对于活性炭无序、不均匀的孔径结构，其规整的层状中空管道结构以及层间孔，可以负载更多的活性组分，是一种很有前途的碳基载体。因此本章制备了支化PEI浸渍多壁CNT吸附剂，对吸附温度、PEI负载量、再生温度等实验参数进行优化，探索烟气含量较高的杂质气体H_2O、O_2对CO_2吸附的交互影响机制，揭示混合气体竞争吸附机理，并考察吸附剂在循环过程中孔结构及表面官能团的变化。

5.1 PEI浸渍CNT的CO_2吸附性能

5.1.1 PEI浸渍CNT吸附剂的制备

采用湿法浸渍制备PEI浸渍CNT吸附剂。称取一定质量支化PEI(分析纯98%，质量分数，分子量1200)，溶于10 mL乙醇中，超声处理30 min，然后向溶液中加入1 g多壁CNT(纯度>98%，质量分数外直径约10～20 nm，长度约 5～15 μm)，经磁力搅拌 3 h，最后放置于 80℃的真空干燥箱中进行干燥，干燥时间为 12 h，制备的吸附剂标记为 CNT-xPEI，x 代表 PEI 负载量，以质量百分数计算。

5.1.2　吸附条件的优化

5.1.2.1　PEI 负载量对 CO_2 吸附的影响

图 5-1 反映了不同 PEI 负载量对吸附剂在模拟烟气(15%CO_2/85%N_2，体积分数) 下 CO_2 吸附性能的影响。从图 5-1(a) 可以看出，随着 PEI 负载量的增加，穿透吸附曲线向右移动，穿透时间延长。当负载量为 50%时，穿透时间最长为 44 min。CNT-50PEI 的穿透吸附量和饱和吸附量分别为 4.42 mmol/g、4.75 mmol/g。而当负载量为 60%时，穿透时间缩短，CO_2 吸附量降低，这是由于过量 PEI 负载，抑制了 CO_2 扩散。

由图 5-1(b) 可知，随着负载量增加，PEI 效率由 10.63 mmol/g 降低到 4.70 mmol/g。这是因为 PEI 负载量低时，氨基活性位点分散均匀，与 CO_2 碰撞反应概率高，因而胺利用率高；而当 PEI 负载量逐渐增加，有机胺易团聚的特点使氨基部分活性位点被覆盖，同时吸附产物阻碍了气体扩散，因而胺利用率降低。

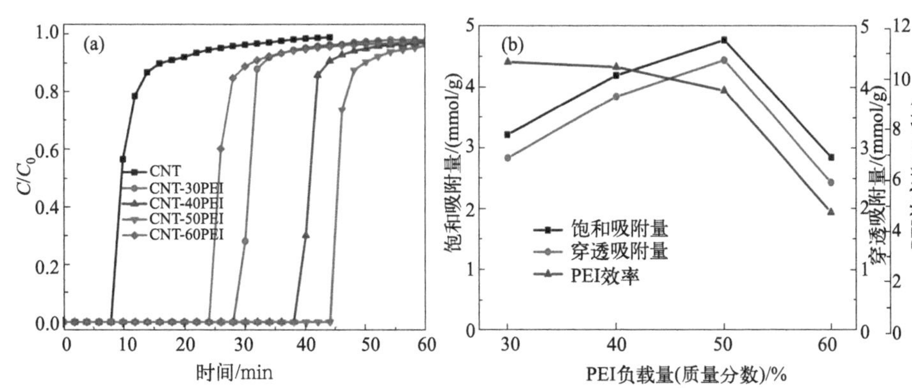

图 5-1　CO_2 穿透吸附曲线(a) 和 CO_2 吸附量、PEI 效率(b)

5.1.2.2　吸附温度对 CO_2 吸附的影响

如图 5-2 所示，以负载 50%(质量分数) PEI 碳纳米管为吸附剂，考察不同

吸附温度对 CO_2 吸附性能的影响。由图可知，吸附剂的穿透时间、穿透吸附量、饱和吸附量随温度的升高逐渐增大。当吸附温度为 60℃时，穿透时间最长，饱和吸附量达到最高值。原因是吸附温度较低时，PEI 黏度大，易团聚，活性位点与 CO_2 碰撞概率低。当吸附温度升高时，PEI 黏度降低，可以暴露出更多的氨基活性位点。同时 CO_2 分子在较高吸附温度获得了更高的能量，可快速扩散至吸附剂内部，与氨基发生反应。因而随着温度升高，CO_2 吸附量逐渐增大。但当吸附温度高于 60℃时，穿透时间开始缩短，CO_2 吸附量降低。由于 CO_2 吸附过程是放热反应，温度升高不利于 CO_2 吸附。虽然温度升高可暴露出更多的胺活性位点，但由于受热力学控制，CO_2 吸附能力下降。

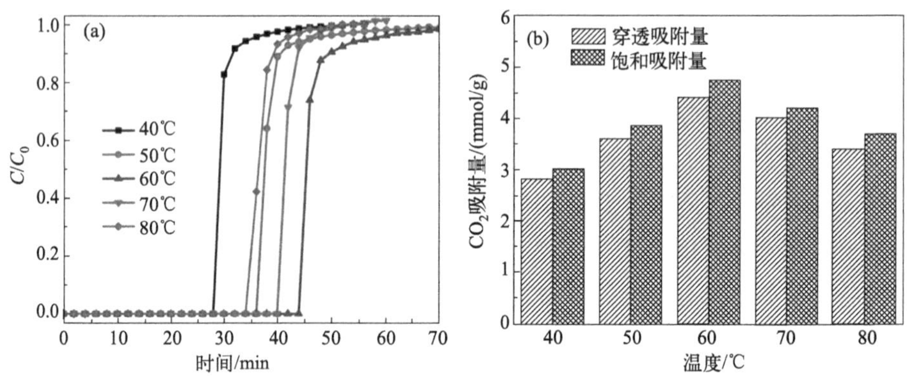

图 5-2　不同吸附温度下的 CO_2 穿透吸附曲线(a) 和吸附量(b)

5.1.2.3　再生温度对 CO_2 吸附的影响

图 5-3 反映了脱附温度对 CNT-50PEI 吸附剂再生性能的影响。由图 5-3(a) 可以看出，脱附温度为 75℃时，CO_2 释放曲线峰值最低，脱附时间最长，约 165 min。随着脱附温度的升高，CO_2 释放曲线峰值升高，脱附时间缩短。这是因为温度升高，促进了脱附反应。由图 5-3(b) 可知，再生效率均高于 90%，这是由于多壁碳纳米管形成的网格结构，使脱附 CO_2 易于扩散释放。当脱附温度为 75℃时，CO_2 脱附量及再生效率最高，但其脱附时间较长，经济上不可取。脱附温度由 90℃升高至 110℃时，CO_2 脱附量及再生效率逐渐增大，而脱附温度在 110℃与 120℃时得到的再生效率相当。因此下文以 CNT-50PEI 为研究对象，对其进行结构与化学性质表征，然后以 60℃为吸附温度，110℃为脱附温度，考察吸附剂在不同模拟烟气条件下的吸附性能。

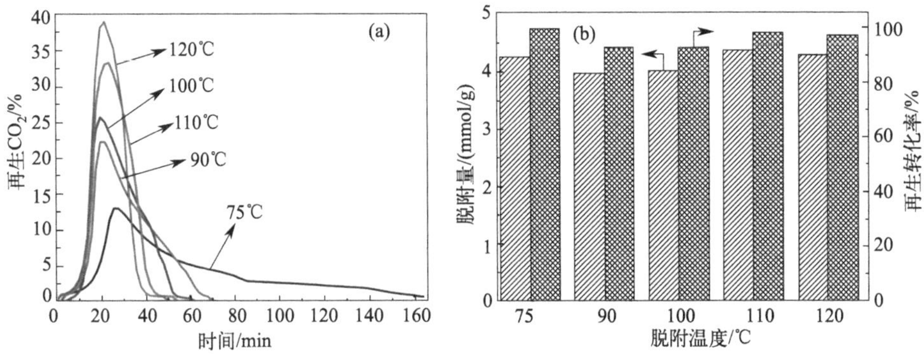

图 5-3 不同脱附温度下的再生性能

5.1.3 吸附剂的表征分析

图 5-4 为载体多壁 CNT 浸渍支化 PEI 前后的扫描电镜图。从图 5-4(a) 可以看出，纯多壁 CNT 排列无序，呈现高表面的网格结构。支化 PEI 浸渍后，仍然存在高表面网格结构，有利于 CO_2 气体分子扩散。这间接表明 PEI 主要浸渍于 CNT 内。

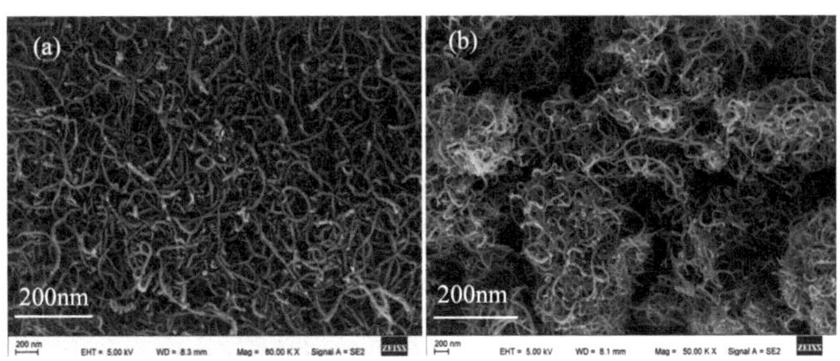

图 5-4 扫描电镜图

(a) CNT；(b) CNT-50PEI

吸附剂 CNT 和 CNT-50PEI 的 N_2 吸脱附曲线如图 5-5 所示。CNT 的比表面积和孔体积分别为 260 m^2/g、2.86 cm^3/g。浸渍支化 PEI 后，比表面积和孔体积分别降低为 34 m^2/g、0.33 cm^3/g。这表明支化 PEI 成功浸渍于多壁 CNT 内。

为了进一步确定支化 PEI 浸渍于多壁 CNT 内，对纯 CNT 浸渍支化 PEI 前后的红外谱图进行表征，如图 5-6 所示。对于纯 CNT，在波数 1630 cm^{-1} 处的吸收峰归属于苯环共轭键的伸缩振动[3]。浸渍支化 PEI 后，在波数 3460

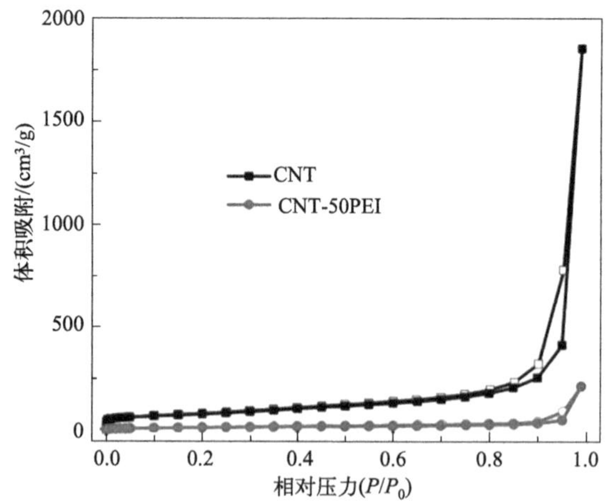

图 5-5　氮气吸脱附曲线

cm^{-1} 处出现新的吸收峰，为—OH 和 N—H 的特征峰。在波数 1665 cm^{-1} 处的吸收峰归属于 N—H 振动。此外，在波数 1395 cm^{-1}、1080 cm^{-1} 处的吸收峰则归属于 C—N 伸缩振动[4, 5]。N—H 键和 C—N 键的存在表明支化 PEI 成功浸渍于 CNT。

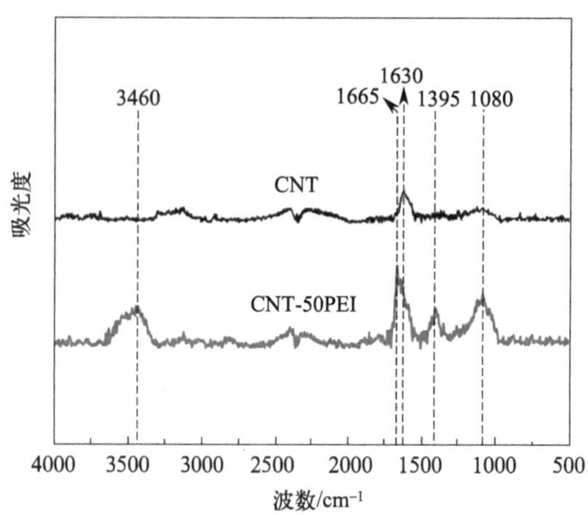

图 5-6　傅里叶红外光谱图

图 5-7 为支化 PEI、CNT 和 CNT-50PEI 的热失重曲线。在室温至 500℃范围内，支化 PEI 呈现两段失重：第一段微量失重发生在 100℃，这是由于吸收的水引起的；第二段失重由 PEI 分解造成，开始失重温度约为 230℃，即为支化 PEI

开始分解温度。纯碳纳米管在该温度范围内没有明显的失重，表明其具有较强的稳定性。CNT-50PEI 在 230℃出现较大的失重(约 48.2%)，与支化 PEI 开始分解温度一致，这表明失重是由浸渍支化 PEI 分解造成的。此外，CNT-50PEI 在 200℃下具有良好的热稳定性，表明其适用于 CO_2 吸脱附过程。

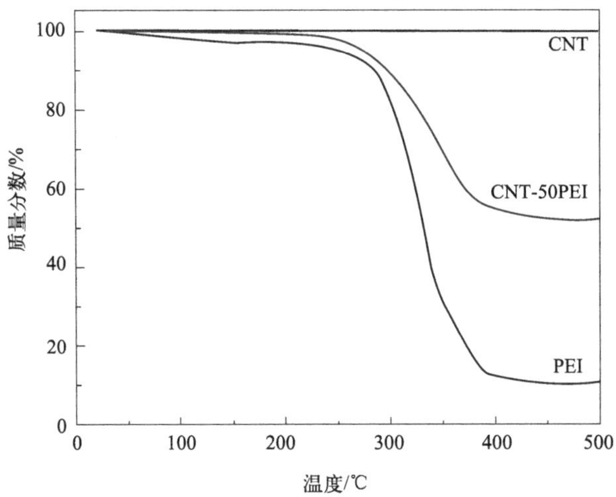

图 5-7 热失重曲线

5.1.4 不同模拟烟气下的 CO_2 吸附性能

在固定床吸附反应器上进行 CO_2 吸脱附实验，以气相色谱仪在线检测出口气体中 CO_2 浓度。首先在 15%CO_2/85%N_2(体积分数) 模拟烟气条件下，对 PEI 负载量、吸附温度、脱附温度进行优化。然后以优化后的吸附剂为研究对象，分别以含 H_2O 混合气[15%CO_2/85%N_2(体积分数)、RH=50%(H_2O 含量约为 10%)]，含 O_2 混合气(15%CO_2/5%O_2/80%N_2，体积分数)，含 H_2O、O_2 混合气[15%CO_2/5%O_2/80%N_2(体积分数)、RH=50%]为模拟烟气，考察 H_2O、O_2 对 CO_2 吸附的影响。

5.1.4.1 H_2O、 O_2 对新鲜吸附剂 CO_2 吸附的影响

为了进一步探索烟气中杂质气体 O_2、H_2O 对 CO_2 吸附性能的交互影响，向混合气体(15%CO_2/85%N_2，体积分数) 添加 O_2、H_2O 作为模拟烟气，以 CNT-50PEI 为吸附剂，考察吸附性能的变化。

图 5-8 为不同模拟烟气下的穿透吸附曲线及 CO_2 吸附量。在模拟烟气（15%CO_2/85%N_2，体积分数）条件下，吸附剂的穿透吸附量和饱和吸附量最高，分别为 4.42 mmol/g、4.75 mmol/g。在含氧气的模拟烟气（15%CO_2/5%O_2/80%N_2，体积分数）条件下，吸附剂的穿透吸附曲线向左移动，穿透吸附量和饱和吸附量分别降低至 4.22 mmol/g、4.42 mmol/g。模拟烟气中增加杂质气体 O_2 后，部分活性位点被 O_2 占据，造成吸附量微量降低。因此氧气的存在对 CO_2 吸附有负面影响。

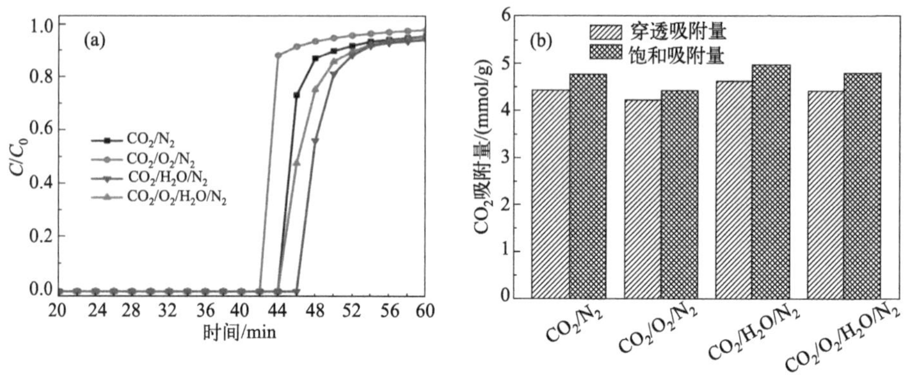

图 5-8 不同模拟烟气下的穿透吸附曲线(a) 及 CO_2 吸附量(b)

在含水蒸气的模拟烟气[15%CO_2/85% N_2(体积分数)、RH=50%]条件下，吸附剂的穿透吸附曲线向右移动，穿透吸附量、饱和吸附量分别增大至 4.62 mmol/g、4.97 mmol/g。这表明水蒸气存在对 CO_2 吸附有促进作用。原因是水蒸气使氨基与 CO_2 的反应摩尔比降低为 1∶1，生成了碳酸氢盐[6]。

在含氧气、水蒸气的模拟烟气[5%CO_2/5%O_2/80%N_2(体积分数)、RH=50%]条件下，穿透吸附量和饱和吸附量分别为 4.42 mmol/g、4.80 mmol/g。如图 5-8(b) 所示，相对于 CO_2/O_2/N_2 条件下的吸附量，吸附剂在模拟烟气 CO_2/O_2/H_2O/N_2 下的吸附量增大了，这是因为水蒸气使氨基与 CO_2 反应摩尔比降低。相对于 CO_2/H_2O/N_2 条件下的吸附量，吸附剂在模拟烟气 CO_2/O_2/H_2O/N_2 下的吸附量降低了，这是因为 O_2 占据了部分活性位点，使吸附量降低。而相对于 CO_2/N_2 条件下的吸附量，吸附剂在模拟烟气 CO_2/O_2/H_2O/N_2 下的吸附量增大了，这表明水蒸气对 CO_2 吸附的促进作用强于氧气的负面作用。水蒸气优先被吸附在吸附剂表面，形成的水膜减少了与氧气的接触。关于杂质气体 O_2 和 H_2O 对 CO_2 吸附的相互作用机制将会在 5.2 节竞争吸附机理进一步讨论。

5.1.4.2 H_2O、O_2 对循环吸附性能的影响

为了探究改性碳纳米管在不同模拟烟气下的使用寿命及稳定性，以 CNT-50PEI 为吸附剂，在干燥模拟烟气（15%CO_2/85%N_2，体积分数）及含 O_2、H_2O 的模拟烟气[15%CO_2/5%O_2/80%N_2(体积分数)、RH=50%]两种气氛下进行 20 次吸脱附循环(约 70 h）实验。如图 5-9 所示，在 CO_2/N_2 气氛下，经 1 次吸脱附循环后 CO_2 饱和吸附量降低 7%，从第 2 次吸附到第 20 次循环结束，饱和吸附量基本保持不变。优异的循环吸附性能表明 CNT-50PEI 在干燥的 CO_2/N_2 气氛下具有稳定的孔结构及物理化学性质。然而，在 $CO_2/O_2/H_2O/N_2$ 气氛下，CNT-50PEI 的 CO_2 饱和吸附量随循环次数的增加持续降低，经 20 次循环后，饱和吸附量降低了 28%。同时在吸附反应器固定样品的脱脂棉上可观察到微量棕色的液体。产生上述现象、结果的主要原因是氨基被氧化，使活性位点造成不可逆转的损失。

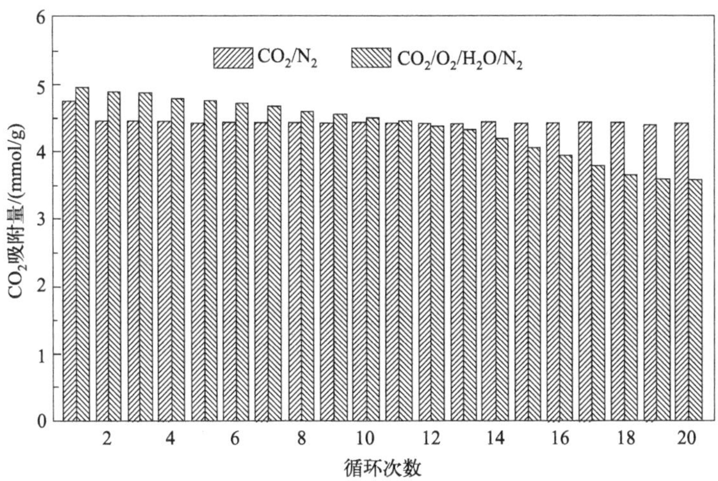

图 5-9　CNT-50PEI 在不同模拟烟气下的 20 次吸脱附循环

然后为了进一步揭示循环吸附性能降低的原因，对新鲜吸附剂及 $CO_2/O_2/H_2O/N_2$ 气氛下吸附循环后的吸附剂进行孔结构及表面碱度分析。由图 5-10(a) N_2 吸脱附曲线可知，吸附剂的孔结构在循环前后几乎没有变化。图 5-10(b) 为 CO_2 升温脱附曲线，当温度由 60℃升高时，出现脱附信号。与新鲜吸附剂相比，吸附循环后的脱附峰强度降低，表明循环后吸附剂的表面碱度降低，其主要原因是氨基被氧化。

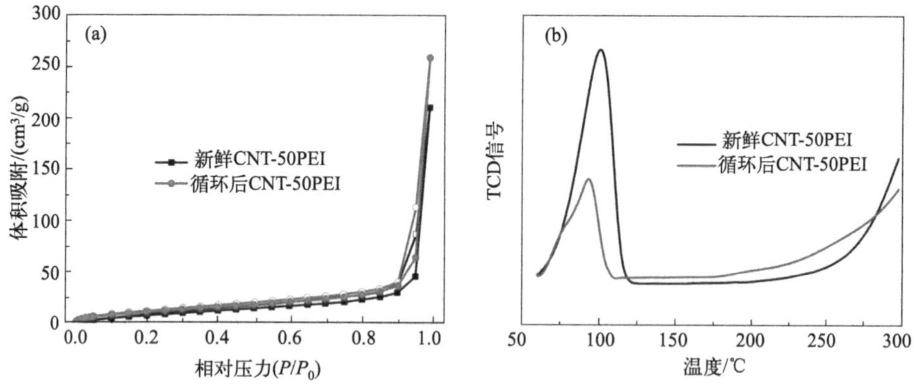

图 5-10 新鲜吸附剂及循环后 CNT-50PEI 的 N_2 吸脱附曲线(a) 及 CO_2 升温脱附曲线(b)

5.2 烟气混合气在吸附剂上的竞争吸附机理

烟气是一种复杂的混合气体，除了较高比例的 CO_2、N_2，还含有大量的杂质气体，如 H_2O、O_2 及含硫、含氮微量气体(SO_2、NO_x)。因而杂质气体 H_2O、O_2 对 CO_2 吸附的交互影响不容忽视。已有研究表明，H_2O 与固体胺吸附剂具有较强的结合力，促进了氨基与 CO_2、H_2O 反应，使 CO_2 吸附量提高[7]。而 O_2 分子具有稳定的物理化学性质，与吸附剂的相互作用较弱，对不含氨基负载吸附剂的吸附性能没有影响[8,9]。Liu 等[9] 得出结论，O_2 的存在对五乙烯六胺负载分子筛 SBA-16 吸附性能的影响较小。尽管研究者们通过吸附实验研究了杂质气体 H_2O、O_2 对 CO_2 吸附的影响，但缺少对杂质气体交互影响机制和混合气体竞争吸附机理的深入探讨。

5.2.1 吸附等温线

以 CNT-50PEI 为吸附剂，分别测试了三种气体 CO_2、O_2 和 H_2O 在 25℃ 时的吸附等温线，如图 5-11 所示。对于单一气体组分吸附，CO_2、O_2 和 H_2O 在 1 bar 时的吸附量分别为 30.58 cm^3/g、1.45 cm^3/g、170.71 cm^3/g。随着分压的增大，由于吸附剂表面的亲水性，H_2O 的吸附量急剧增加，而 CO_2 吸附量增加缓慢，O_2 吸附量非常低。在相同条件下吸附剂吸附 H_2O 的能力远高于 CO_2 和 O_2，这表明 H_2O 与吸附剂的相互作用最强，可促进 PEI 与

CO_2、H_2O 的反应。O_2 的吸附量很低，表明吸附剂与 O_2 结合的活性位点较少，因此氧气的存在对新鲜吸附剂 CO_2 吸附量的影响不大。

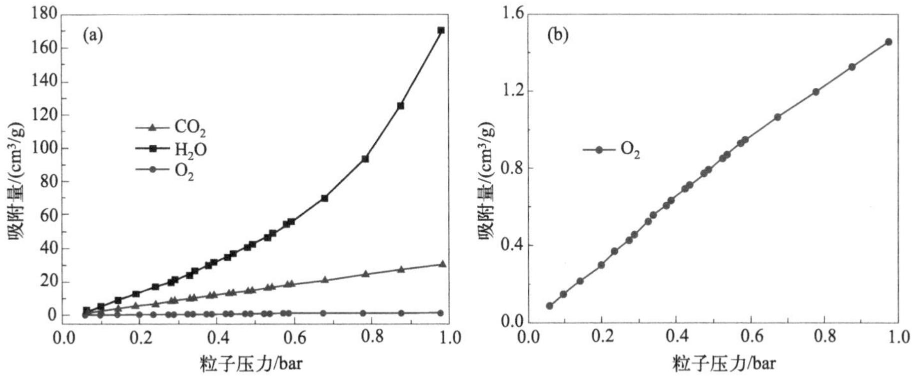

图 5-11　CO_2、O_2 和 H_2O 在 CNT-50PEI 上的吸附等温线

5.2.2　吸附能计算

采用密度泛函理论分别计算气体分子在 CNT 或 PEI 上的吸附能。作为初步实验，对单个气体分子的原子结构进行了优化，利用 $Dmol^3$ 程序包确定所有初始吸附结构。首先建立 CNT 模型(图 5-12)，长度为 12 Å，直径为 8.15 Å，模型两端采用 H 原子饱和。三种气体分子(H_2O、CO_2、O_2) 以平行、垂直两种方式被吸附在 CNT 模型的表面和内部。然后对 PEI 分子结构进行简化(图 5-13)，建立 PEI 模型，考虑三种气体分子分别吸附在伯胺、仲胺、叔胺活性位的结合能。

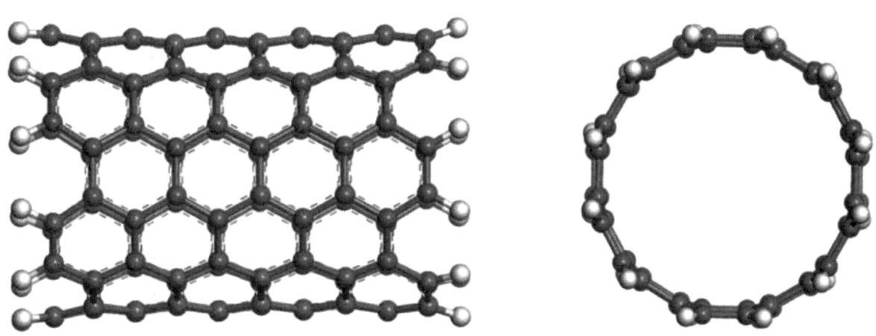

图 5-12　CNT 模型

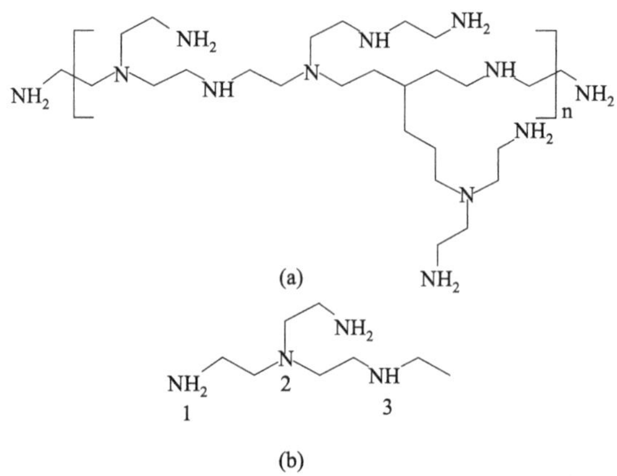

图 5-13　PEI 结构式(a) 及简化结构模型(b)
(1—伯胺；2—叔胺；3—仲胺)

采用 Perdew、Burke 和 Ernzerhof(PBE) 提出的广义梯度近似(GGA) 确定交换项和相关项。随后对优化后的结构进行了 Hirshfeld 电荷分析。气体分子在 CNT 或 PEI 上的吸附能(E_{ads}) 计算公式参见式(2-13)。

为了得到气体与吸附剂的吸附能，分别计算了三种气体在载体 CNT 和活性组分支化 PEI 上的吸附能。图 5-14 为三种气体分子(CO_2、H_2O、O_2)以平行、垂直两种方式在 CNT 模型表面和内部的吸附构象，表 5-1 列出了三种气体在不同构象下相应的吸附能。CO_2 分子垂直吸附在 CNT 表面的吸附能为正值，表明该吸附构象不容易发生。对于 H_2O、O_2 分子，垂直吸附在 CNT 表面吸附能的绝对值均低于其他吸附构象。上述分析表明，垂直于 CNT 表面的吸附构象不稳定。将三种气体的其他吸附构象进行对比，H_2O 分子的吸附能高于 CO_2、O_2，这表明水分子由于较大的偶极矩与 CNT 表面具有更强的结合力。对于 CNT 表面平行吸附与内部垂直吸附两种构象，CO_2 分子吸附能的绝对值远高于 O_2。从表 5-1 吸附能数据分析可知，三种气体在稳定吸附构象的吸附能大小为 $H_2O > CO_2 > O_2$。CNT 上的原子有正负电荷，H_2O 和 CO_2 分子上的原子也分别带正负电荷，而 O_2 分子上的两个原子电荷为零。因此，在吸附的初始阶段，O_2 分子以微弱的静电作用吸附在 CNT 上。Zheng 等[10] 和 Wu 等[11] 曾报道 O_2 分子在氮化碳(g-C_3N_4)上的吸附能也很低，这是因为吸附与分离 O_2 分子具有相同的电荷密度和三倍自旋多重性。

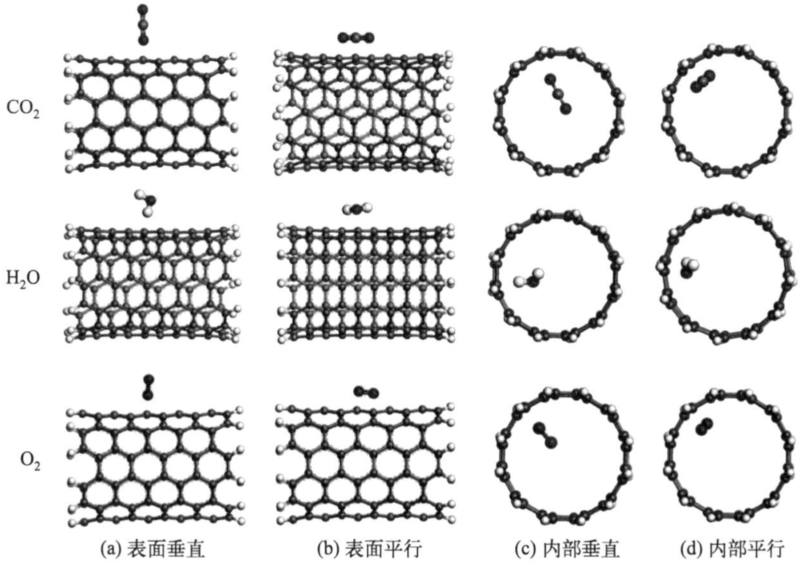

图 5-14 CO_2、O_2 和 H_2O 在 CNT 上的吸附构象

表 5-1 CO_2、H_2O 和 O_2 吸附在 CNT 上的吸附能

气体	吸附能/(kJ/mol)			
	表面垂直吸附	表面平行吸附	内部垂直吸附	内部平行吸附
CO_2	0.24	−21.41	−12.38	−14.29
H_2O	−8.20	−23.28	−17.75	−18.00
O_2	−1.85	−15.89	−5.80	−16.23

图 5-15 为三种气体分子(H_2O、CO_2 和 O_2)分别吸附在支化 PEI 结构模型伯胺、仲胺、叔胺优化后的吸附构象，表 5-2 列出了三种气体在不同构象下相应的吸附能。H_2O 分子吸附在伯胺、仲胺的吸附能相近，分别为 −35.10 kJ/mol、−36.12 kJ/mol。由于空间位阻效应，H_2O 分子在叔胺上的吸附能绝对值低于伯胺、仲胺。而 CO_2 分子与仲胺表现出更强的相互作用，吸附能为 −22.62 kJ/mol。这是因为 CO_2 为酸性气体，且仲胺的碱性更强。O_2 分子在三个吸附位上的吸附能均为负值，这说明 O_2 分子可以自发吸附在活性位点，导致 CO_2 吸附量下降。同时吸附能绝对值较低，表明氨基与 O_2 的相互作用较弱。对于不同的胺吸附位点，H_2O 分子的吸附能值均高于 CO_2。在三种气体中，由于水蒸气和氨基之间的氢键作用，水蒸气与三个活性位的相互作用最强。综上所述，三种气体在 CNT-50PEI 上的吸附能大小依次为 $H_2O>CO_2>O_2$，这与单一组分吸附等温线的结果一致。

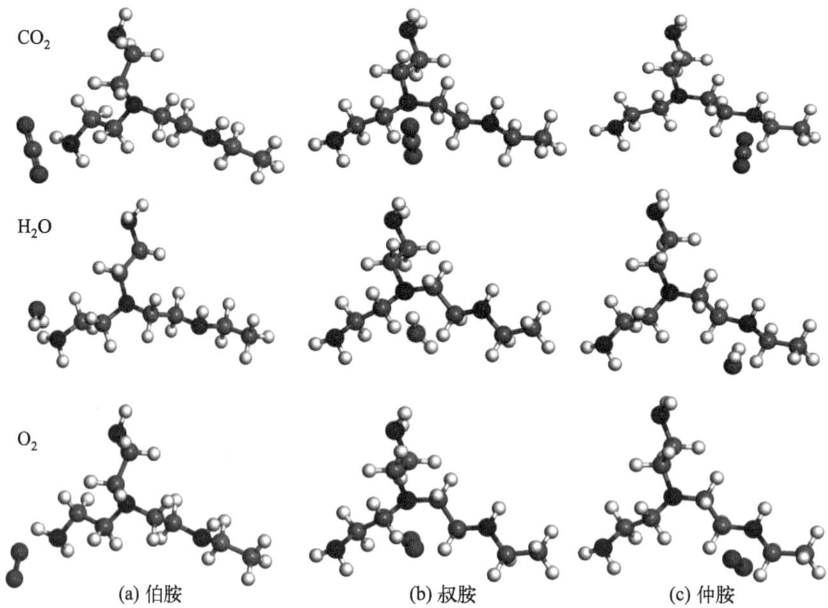

图 5-15　CO_2、O_2 和 H_2O 在 PEI 不同吸附位上的吸附构象

表 5-2　CO_2、H_2O 和 O_2 吸附在 PEI 上的吸附能

气体	吸附能/(kJ/mol)		
	伯胺	叔胺	仲胺
CO_2	−18.46	−14.26	−22.62
H_2O	−35.10	−30.01	−36.12
O_2	−12.90	−10.72	−11.78

5.2.3　扩散系数计算

基于蒙特卡罗(Monte Carlo) 方法的分子动力学(molecular dynamics、MD) 计算研究气体分子在 CNT-PEI 填充固定床中的扩散行为[12]。采用 Materials Studio 2018 中 COMPASSII force field 的 Sorption Module 建立多壁 CNT 负载两个 PEI 分子的模型结构单元。利用 Metropolis Monte Carlo 方法计算 10^5 步蒙特卡罗步骤、10 个循环的 PEI 分子在框架中的吸收，得到最后的单元构型如图 5-16 所示。将 8 个优化单元结构的非晶胞置于三维(x=50.17Å、y=50.17Å、z=50.17 Å) 的立方模拟晶格中，如图 5-17 所示。以此模型为 PEI 改性 CNT 吸附模型，通过分子动力

学方法研究气体分子(H_2O、CO_2、O_2) 的吸附和扩散行为。将三种气体分子放置到 PEI 改性 CNT 吸附模型中。每种气体 200 个，分别位于吸附模型结构单元周围，形成三种初始模拟系统。所有 MD 模拟都采用罗盘力场进行，并在恒温(60℃) 和体积(NVT) 下平衡 10 ns。每 50 ps 保存一次原子坐标。

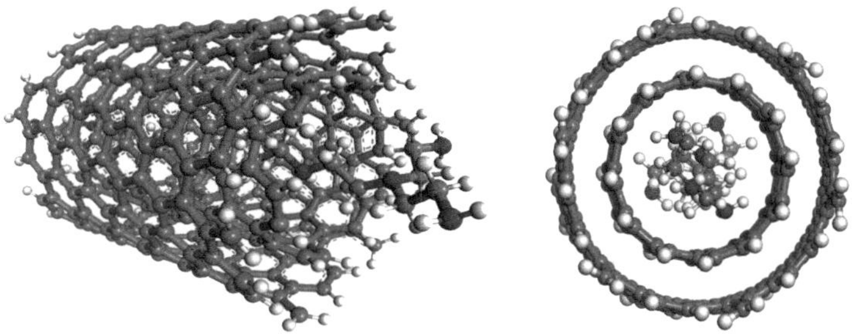

图 5-16　PEI 改性 CNT 结构单元

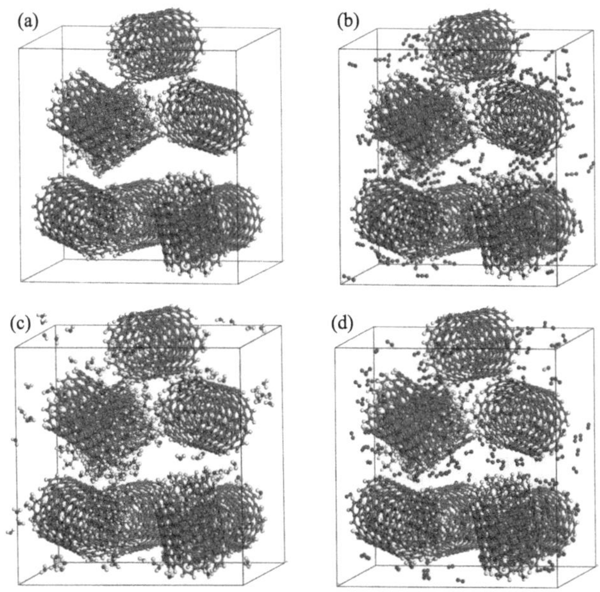

图 5-17　吸附模型(a) 及三种气体在吸附模型的吸附(b) CO_2；(c) H_2O；(d) O_2

扩散系数代表气体分子的迁移率。扩散系数(diffusion coefficients，DC) 可由均方位移(mean square displacement，MSD) 随时间曲线的斜率来表示，通过爱因斯坦关系式(5-1) 计算。方程如下：

$$D_\alpha = \frac{1}{6N_\alpha} \lim_{t \to \infty} \frac{d}{dt} \sum_{i=1}^{N_\alpha} [r_i(t) - r_i(0)]^2 \tag{5-1}$$

式中，d 为系统的维数，$r_i(t)$ 和 $r_i(0)$ 分别为第 i 个气体分子在 t 时刻和 $t=0$ 时刻的质心坐标。

由方程(5-2) 计算气体分子质心在 MD 轨道上的均方位移

$$\mathrm{MSD}(t)=\frac{1}{N}\sum_{i=1}^{N}\left|r_i(t)-r_i(0)\right|^2 \tag{5-2}$$

式中，N 为目标分子数量，$r_i(t)$ 为 t 时刻 i 分子的位置。

气体分子在吸附模型上的扩散系数可以反映其吸附速率。根据 MD 轨道上 CO_2、H_2O 和 O_2 三种气体分子质心的均方位移，计算 60℃气体在 PEI 改性 CNT 吸附模型的单组分扩散系数。图 5-18 为三种气体在 MD 轨道上均方位移的变化。在相同时间内，H_2O 分子的均方位移最高，CO_2 分子居中，而 O_2 分子的均方位移极小。由均方位移计算得到 CO_2、H_2O 和 O_2 的扩散系数分别为 $29.59\times10^{-6}\ cm^2/s$、$47.15\times10^{-6}\ cm^2/s$、$1.15\times10^{-6}\ cm^2/s$。水分子的扩散系数最高，表明其具有较高的吸脱附速率，可有效减少 PEI 溶解浸出损失。同时，水分子的扩散系数、与吸附剂的吸附能均最高，可促进氨基与 CO_2 以摩尔比 1∶1 反应，使 CO_2 吸附量增加。这也证明了水分子对 CO_2 吸附的促进作用强于氧气的负面作用。CO_2 分子在吸附模型具有适中的扩散系数及吸附能，进一步验证了 CNT-50PEI 吸附剂在 CO_2/N_2 气氛下优异的循环吸附性能。O_2 分子的扩散系数最小，表明氧气具有较低的吸附速率和脱附速率。较低的吸附能和吸附速率，使氧气对新鲜吸附剂 CO_2 吸附能力的影响不大。较低的脱附速率使氧气与吸附剂的接触时间延长，增加了氨基被氧化的概率。

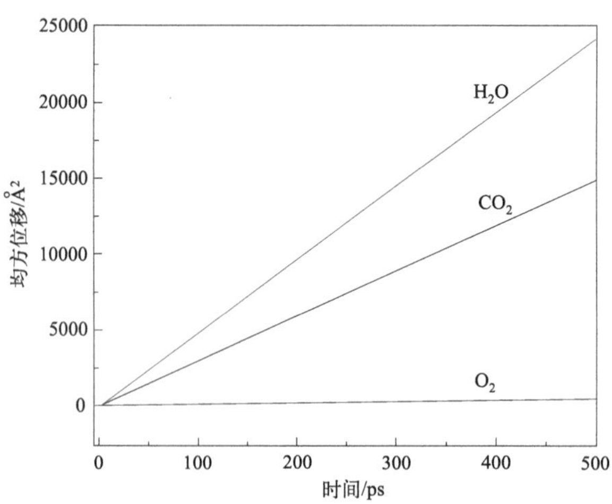

图 5-18　三种气体分子质心在 MD 轨道上的均方位移

5.2.4　固体胺吸附过程表面化学性质演变

以 CNT-50PEI 为吸附剂，进一步探索吸附剂的 CO_2、H_2O 和 O_2 吸附机理以及三种气体对吸附剂化学性质的影响，对单一气体吸附随时间的变化过程进行原位红外谱图表征。

5.2.4.1　吸附 CO_2 过程的原位红外光谱图

以吸附前样品的红外谱图为背景（即吸附时间为 0），CNT-50PEI 吸附 CO_2 的原位红外光谱见图 5-19，反映了化学吸附、物理吸附 CO_2 的作用机理。从图中可以看出，在 2400～2200cm^{-1} 和 1800～1300cm^{-1} 范围内的吸收峰变化较大，且吸收峰强度随吸附时间的延长而增强。在波数 2340cm^{-1}、2310cm^{-1} 处的吸收峰归属于物理吸附 CO_2 的伸缩振动，在波数 675cm^{-1} 处的峰则归属于 CO_2 的变形振动[7]。在波数 1710cm^{-1} 处的吸收峰为吸附产物 NCOOH 中 C═O 的振动特征峰。在波数 1650cm^{-1} 处的吸收峰归属于 NH_3^+/NH_2^+ 中 N－H 的变形振动。在波数 1520cm^{-1}、1400cm^{-1} 处的吸收峰分别为吸附产物 $NHCOO^-$ 中 COO^-、C—N 的伸缩振动。在波数 1345cm^{-1} 处的吸收峰是吸附产物 $NCOO^-$ 骨架的变形振动[13]。NH_3^+、NH_2^+、$NHCOO^-$ 和 $NCOO^-$ 则是由 CO_2 与伯胺（NH_2）、仲胺（NH）反应生成的。综上所述，CO_2 是经物理吸附和化学吸附作用吸附在经 PEI 改性的 CNT 上，且化学吸附符合阴阳离子反应机理[14]。

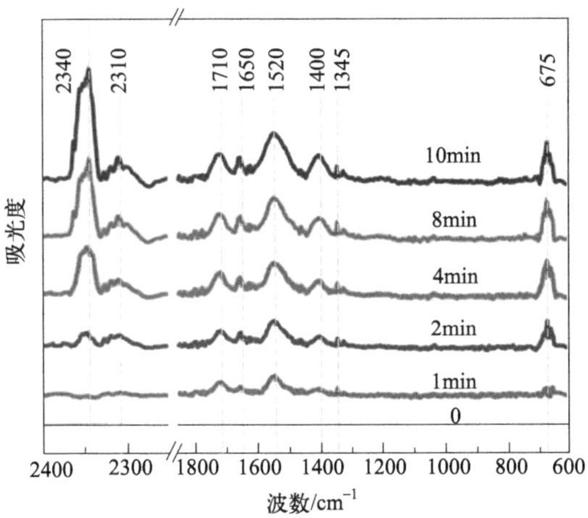

图 5-19　吸附 CO_2 过程的原位红外光谱图

5.2.4.2 吸附 H_2O 过程的原位红外光谱图

以吸附前样品的红外谱图为背景（即吸附时间为 0），CNT-50PEI 吸附 H_2O 的原位红外光谱见图 5-20，反映了水蒸气的吸附机理及其对吸附剂的影响。从图中可以看出，水蒸气吸附过程的红外谱图在不同时间表现出相同的峰变化。在 3700～3050cm^{-1} 范围内的吸收峰归属于物理吸附 H_2O 中 OH 的伸缩振动以及 H_2O 与氨基形成的氢键，在波数 1650cm^{-1} 处的吸收峰则是物理吸附 H_2O 中 OH 的变形振动[15]。上述分析结果表明，H_2O 与 CNT-50PEI 具有较强的结合力。Lee 等[15]也曾报道，胺嫁接 SBA-15 吸附 H_2O 表现出类似的吸附行为。此外，在波数 2989cm^{-1}、2900cm^{-1} 处新出现的峰归属于—CH_3、—CH_2 的伸缩振动。在波数 1388cm^{-1} 处集中的多峰归属于—CH_3、—CH_2 的变形振动和摆动振动。这是由于引入水蒸气后—CH_3 和—CH_2 振动的峰强度和位置发生了偏移[15]。综上所述，H_2O 容易通过物理相互作用吸附于 CNT-50PEI 上，因而可促进氨基与 CO_2 反应的摩尔比由 2∶1 下降到 1∶1，使 CO_2 吸附量增加。

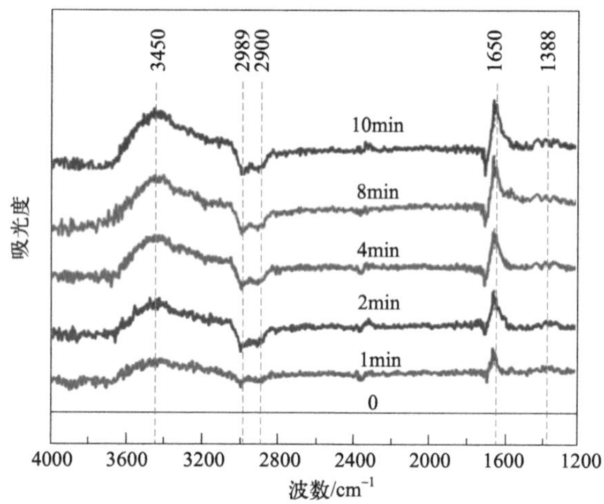

图 5-20 吸附 H_2O 过程的原位红外光谱图

5.2.4.3 吸附 O_2 过程的原位红外光谱图

氧气吸附等温线证明了氧气可以吸附在 CNT-50PEI 上，但是氧气在红外谱图中没有响应。为了研究氧气对吸附剂化学性质的影响，以吸附前样品的红外谱图为背景（即循环次数为 0），对 CNT-50PEI 吸附剂在 60℃、5 次循环吸附 O_2 过程中的原位红外光谱进行了研究。每次吸附过程保持 5min，O_2 流量为 5mL/min。吸附结束后，切换为氮气氛围，并将温度升至 110℃进行脱附。图 5-21 为吸附循环过程中的原位红外谱图，反映了吸附剂表面官能团的变化。从图中可以看出，随着循环次数的增加，在波数 3500～3000cm^{-1} 和 1700～1000cm^{-1} 范围内吸收峰的强度逐渐增加。在波数 3240cm^{-1}、1650cm^{-1} 处出现的吸收峰分别为 OH/N—H 的伸缩振动和变形振动，而 OH/N—H 归属于 NH_2 氧化过程中间体 NH（OH）。在波数 1530cm^{-1}、1360cm^{-1} 处的吸收峰分别为 NO_2 的非对称和对称伸缩振动峰。在波数 1440cm^{-1} 处的吸收峰为—CH_2 对称变形振动峰，这是由于氨基氧化使—CH_2 振动位置发生了偏移。以波数 1230cm^{-1} 为中心的宽峰则为 C—N 伸缩振动峰，在波数 860cm^{-1} 处的吸收峰为 C—N 的弯曲振动峰，而 C—N 归属于 PEI 的氧化产物和氧化中间体[16]。上述结果表明，部分 NH_2 在 O_2 吸附循环中被氧化为 NO_2。同时，扩散系数分析表明 O_2 的脱附速率较低，使氨基被氧化的概率增大。因此，氨基被氧化是吸附剂表面碱度降低的原因，这也充分解释了在含 H_2O、O_2 烟气中 CO_2 循环吸附性能降低的原因。

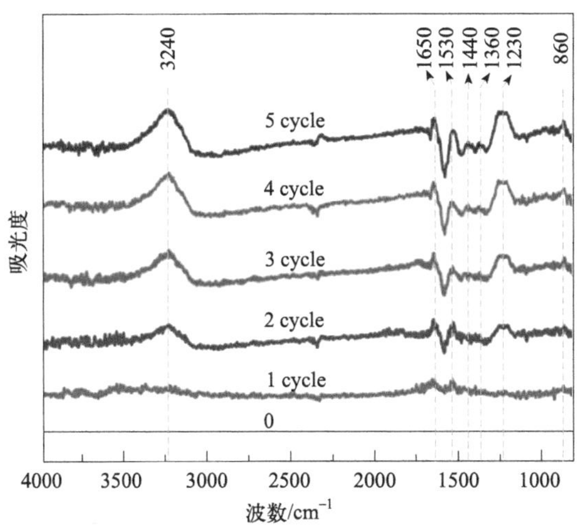

图 5-21　循环吸附 O_2 过程的原位红外光谱图

5.3　小结

吸附剂 CNT-50PEI 在模拟烟气（CO_2、N_2）下的 CO_2 吸附量高达 4.75mmol/g，通过 CO_2、H_2O、O_2 三种气体的吸附等温线、吸附能、扩散速率探究竞争吸附机理如下：

① H_2O 具有最高的吸附能和扩散系数，与吸附剂之间的相互作用最强，使 CNT-50PEI 具有最高的 H_2O 吸附量；同时 H_2O 的存在可促进氨基与 CO_2 以摩尔比 1∶1 反应，吸附剂在 $CO_2/H_2O/N_2$ 气氛下的 CO_2 吸附量增高为 4.97mmol/g。

② O_2 的吸附能和扩散系数最低，表明少量的活性位点被 O_2 占据，使得 O_2 对新鲜吸附剂 CO_2 吸附量的影响较小。但同时也反映了 O_2 较低的脱附速率，使氨基与氧气的接触时间延长，增加了氨基被氧化的概率。CNT-50PEI 循环吸附 O_2 的原位红外光谱证明了—NO_2 的存在，解释了 $CO_2/O_2/H_2O/N_2$ 气氛下 CO_2 循环吸附性能持续下降的原因。

③ CO_2 分子具有中等的扩散系数和吸附能，使得 CNT-50PEI 在 CO_2/N_2 气氛下具有良好的循环吸附性能。

参考文献

[1] Wang M, Yao L W, Wang J T, et al. Adsorption and regeneration study of polyethylenimine-impregnated millimeter-sized mesoporous carbon spheres for post-combustion CO_2 capture [J]. Applied Energy, 2016, 168: 282-290.

[2] Zhang H, Goeppert A, Olah G A, et al. Remarkable effect of moisture on the CO_2 adsorption of nano-silica supported linear and branched polyethylenimine [J]. Journal of CO_2 Utilization, 2017, 19: 91-99.

[3] Mukhtar A, Mellon N, Saqib S, et al. CO_2/CH_4 adsorption over functionalized multi-walled carbon nanotubes; an experimental study, isotherms analysis, mechanism, and thermodynamics [J]. Microporous and Mesoporous Materials, 2020, 294. 10. 1016/j. micromeso. 2019. 109883

[4] Lai Q H, Diao Z J, Kong L L, et al. Amine-impregnated silicic acid composite as an efficient adsorbent for CO_2 capture [J]. Applied Energy, 2018, 223: 293-301.

[5] Jo D H, Jung H, Shin D K, et al. Effect of amine structure on CO_2 adsorption over tetraethy- lenepentamine impregnated poly methyl methacrylate supports [J]. Separation and Purification Technology, 2014, 125: 187-193.

[6] Irani M, Jacobson A T, Gasem K A M, et al. Modified carbon nanotubes/ tetraethylenepentamine for CO_2 capture [J]. Fuel, 2017, 206: 10-18.

[7] Wang Y X, Guo T, Hu X D, et al. Mechanism and kinetics of CO_2 adsorption for TEPA-impregnated hierarchical mesoporous carbon in the presence of water vapor [J]. Powder Technology, 2020, 368: 227-236.

[8] Ding S, Liu Y X. Adsorption of CO_2 from flue gas by novel seaweed-based KOH-activated porous biochars [J]. Fuel, 2020, 260. 10. 1016/j. fuel. 2019. 116382

[9] Liu Y M, Lin X Y, Wu X H, et al. Pentaethylenehexamine loaded SBA-16 for CO_2 capture from

simulated flue gas [J] . Powder Technology, 2017, 318: 186-192.

[10] Zheng Y, Jiao Y, Chen J, et al. Nanoporous graphitic-C_3N_4@Carbon metal-free electrocatalysts for highly efficient oxygen reduction [J] . Journal of the American Chemical Society, 2011, 133 (50): 20116-20119.

[11] Wu H Z, Bandaru S, Liu J, et al. Adsorption of H_2O, H_2, O_2, CO, NO, and CO_2 on graphene/g-C_3N_4 nanocomposite investigated by density functional theory [J] . Applied Surface Science, 2018, 430: 125-136.

[12] Wang S, Hu Y, Yang X S, et al. Examination of adsorption behaviors of carbon dioxide and methane in oxidized coal seams [J] . Fuel, 2020, 273. 10. 1016/j. fuel. 2020. 117599

[13] Wilfong W C, Srikanth C S, Chuang S S C. In situ atr and drifts studies of the nature of adsorbed CO_2 on tetraethylenepentamine films [J] . ACS Applied Materials & Interfaces, 2014, 6 (16): 13617-13626.

[14] Zhang G J, Zhao P Y, Hao L X, et al. A novel amine double functionalized adsorbent for carbon dioxide capture using original mesoporous silica molecular sieves as support [J] . Separation and Purification Technology, 2019, 209: 516-527.

[15] Lee J J, Chen C H, Shimon D, et al. Effect of humidity on the CO_2 adsorption of tertiary amine grafted SBAL15 [J] . Journal of Physical Chemistry C, 2017, 121 (42): 23480-23487.

[16] Özdemir Ö, Gürkan P, şimay Demir Y D, et al. Novel palladium (Ⅱ) complexes of *N*- (5-nitrosalicylidene) -Schiff bases: Synthesis, spectroscopic characterization and cytotoxicity investigation [J] . Journal of Molecular Structure, 2020, 1207. 10. 1016/j. molstruc. 2020. 127852.

第6章

抗氧化剂改性固体胺吸附剂

在工业应用中，固体胺吸附剂捕集 CO_2 具有巨大的优势。然而燃煤电厂烟气中含有3%～10%（体积分数）的 O_2，致使固体胺吸附剂氧化降解。本章通过添加抗氧化剂来提高吸附剂的抗氧化稳定性，并研究了氧化后的吸附性能，对比了抗氧化剂的负载量、种类和模拟烟气中氧气含量对氧化前后吸附剂吸附性能的影响。同时考察了抗氧化剂对吸附剂热稳定性、孔道结构的影响，并通过傅里叶原位红外光谱、高效液相色谱质谱联用仪探究固体胺吸附剂氧化降解机理及抗氧化剂的抗氧化降解原理。

6.1 TEPA及抗氧化剂改性分子筛的 CO_2 吸附性能

6.1.1 改性分子筛的制备及表征

6.1.1.1 制备过程

以MCM-41为载体，采用浸渍法制备TEPA浸渍分子筛固体胺吸附剂。样品标为 xTEPA-MCM-41，其中 x 代表TEPA在吸附剂上不同的负载量。

以2-巯基苯并咪唑（MB）、三（2,4-二叔丁基苯基）亚磷酸酯（168）为抗氧化剂，将TEPA、抗氧化剂、MCM-41和20mL无水乙醇的混合溶液在常温超声浴中超声20min，然后于烘箱中干燥12h。将制备的样品标记为 y 抗氧化剂-xTEPA-MCM-41，其中 y 代表抗氧化剂在吸附剂上的负载量。

6.1.1.2　孔结构及 XRD 表征

表 6-1　MCM-41、50%TEPA-MCM-41 和 8%*X*-50%TEPA-MCM-41 的结构特性

样品	比表面积/(cm^2/g)	孔体积/(cm^3/g)	平均孔径/nm
MCM-41	750	0.90	4
50%TEPA-MCM-41	37.937	0.081	2.769
8%MB-50%TEPA-MCM-41	28.853	0.044	2.769
8%168-50%TEPA-MCM-41	20.614	0.029	2.769

表 6-1 为 TEPA、抗氧化剂对分子筛 MCM-41 改性前后的孔结构参数。MCM-41 的比表面积和孔体积分别为 $750cm^2/g$ 和 $0.9cm^3/g$，改性后比表面积和孔体积均降低。50% TEPA-MCM-41 的比表面积和总孔体积分别为 $37.937cm^2/g$、$0.081cm^3/g$；浸渍 8%的抗氧化剂 MB 和抗氧化剂 168 后，表面积和总孔体积分别降低至 $28.853cm^2/g$、$20.614cm^2/g$ 和 $0.044cm^3/g$、$0.029cm^3/g$。TEPA 和抗氧化剂负载使得孔体积和孔径减小，平均孔径由 4nm 降低至 2.769nm。孔径分布表明 TEPA 和抗氧化剂均匀分布于 MCM-41 孔道内。

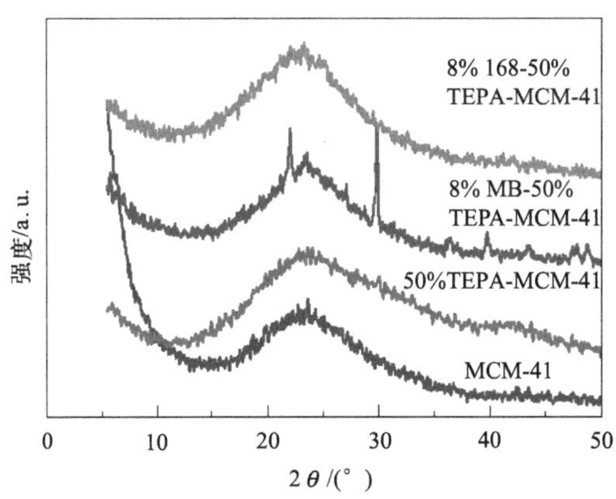

图 6-1　XRD 谱图

图 6-1 为 TEPA、抗氧化剂对分子筛 MCM-41 改性前后的 XRD 谱图。载体 MCM-41 在 2θ 为 23°处出现了特征衍射峰，说明 MCM-41 为六边形多孔结构。经 TEPA、抗氧化剂改性后，MCM-41 的特征衍射峰存在，说明 TEPA 和抗氧化剂改性未改变 MCM-41 的介孔结构，特征峰位置略微向右偏移是由

于 TEPA 与 MCM-41 表面官能团相互作用引起。加入抗氧化剂后，特征衍射峰强度逐渐减弱，分析原因是抗氧化剂负载到 MCM-41 孔道中，孔道内表面积逐渐减小，与孔道间的衍射逐渐减弱。

6.1.2 吸附温度的优化

图 6-2 为 50%TEPA-MCM-41 在不同吸附温度下的饱和吸附量。在 40～70℃ 温度范围内，CO_2 吸附量随着吸附温度的升高呈现先增加后降低的趋势。在 60℃ 时，吸附量最高为 4.3mmol/g。固体胺吸附剂的吸附过程受动力学和热力学控制。吸附过程起主要作用的是氨基活性位点的反应活性和 CO_2 分子扩散运动。在较低温度下，由于 TEPA 的高黏度以及易团聚的特性，反应过程易受动力学影响。吸附温度升高，CO_2 分子获得更大的动能，克服扩散阻力，与氨基活性位点碰撞概率增加。而从热力学角度来讲，CO_2 吸附反应为放热反应，吸附反应在低温条件下更容易进行，当吸附温度升高时，氨基活性位点增加。温度进一步升高使吸附反应主要受到热力学控制，使得 50%TEPA-MCM-41 的吸附性能下降。

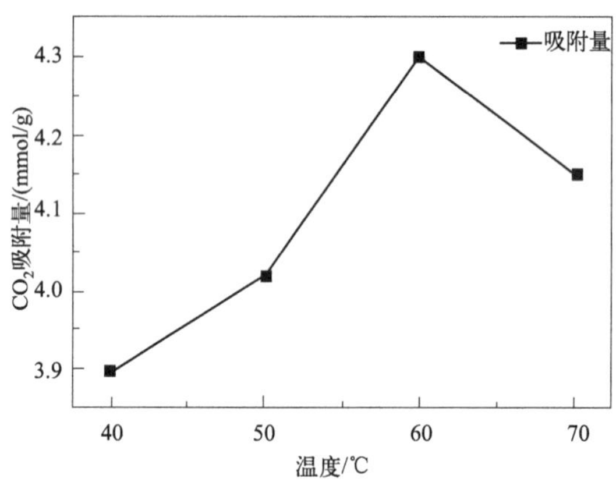

图 6-2 50%TEPA-MCM-41 在不同温度的饱和吸附量

6.1.3 抗氧化剂对吸附性能的影响

6.1.3.1 抗氧化剂及 TEPA 负载量

固体胺吸附剂的吸附性能受四乙烯五胺负载量的影响。为了研究负载不同质量分数 TEPA 对吸附剂吸附性能的影响，探究负载不同质量分数 TEPA 的吸附剂在 60°C 下的 CO_2 吸附性能，如图 6-3 所示。

如图 6-3（a）所示，随着 TEPA 负载量的增加，xTEPA-MCM-41 穿透时间和吸附量先增大后减小，50%TEPA-MCM-41 具有最大的穿透吸附量为 4.3mmol/g，这归因于 MCM-41 载体中引入更多胺为 CO_2 吸附提供了更多亲和位点。然而 TEPA 负载量增加至 60%时，TEPA 在孔道中聚集或包覆在 MCM-41 表面，阻碍 CO_2 扩散，使吸附量下降。因此，以 50%TEPA-MCM-41 为固体胺吸附剂，探究抗氧化剂 MB、168 的作用及其抗氧化稳定性。

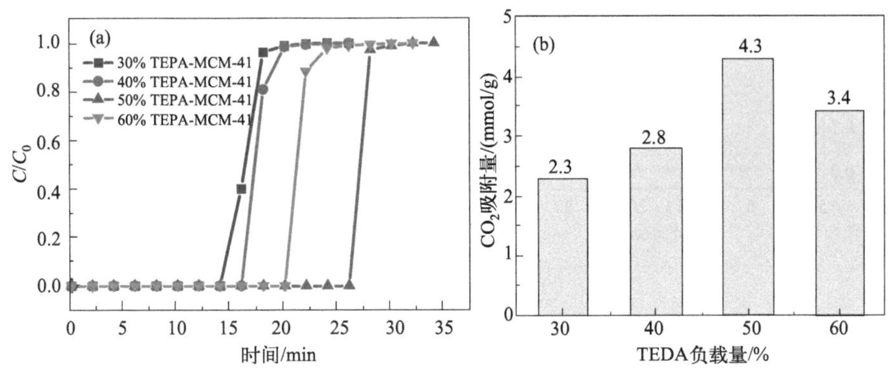

图 6-3　xTEPA-MCM-41 的穿透吸附曲线(a)和吸附量(b)

将抗氧化剂改性的 50%TEPA-MCM-41 在 100°C、5%O_2 条件下氧化后，测定抗氧化剂 MB 和 168 改性 50%TEPA-MCM-41 在 60°C 时的 CO_2 吸附性能，其穿透吸附曲线及吸附量如图 6-4 所示。x%MB-50%TEPA-MCM-41 的穿透吸附时间均随着氧化时间的延长而缩短，CO_2 吸附量逐渐降低，8%MB-50%TEPA-MCM-41 经不同时间氧化后的吸附量均优于 6%MB-50%TEPA-MCM-41、10%MB-50%TEPA-MCM-41。这归因于随着抗氧化剂负载量的升高，抗氧化剂包覆在 MCM-41 表面，堵塞了孔道，阻止了 CO_2 扩散。当抗氧化剂 MB 含量较低时，抗氧化剂不能有效捕捉氨基氧化产生的自由基，使得胺基氧化继续进行。图 6-4(e)中，负载 8%168 的 50%TEPA-MCM-41 具有较好的抗氧化性能，但其抗氧化效果不如 8%MB-50%TEPA-MCM-41。

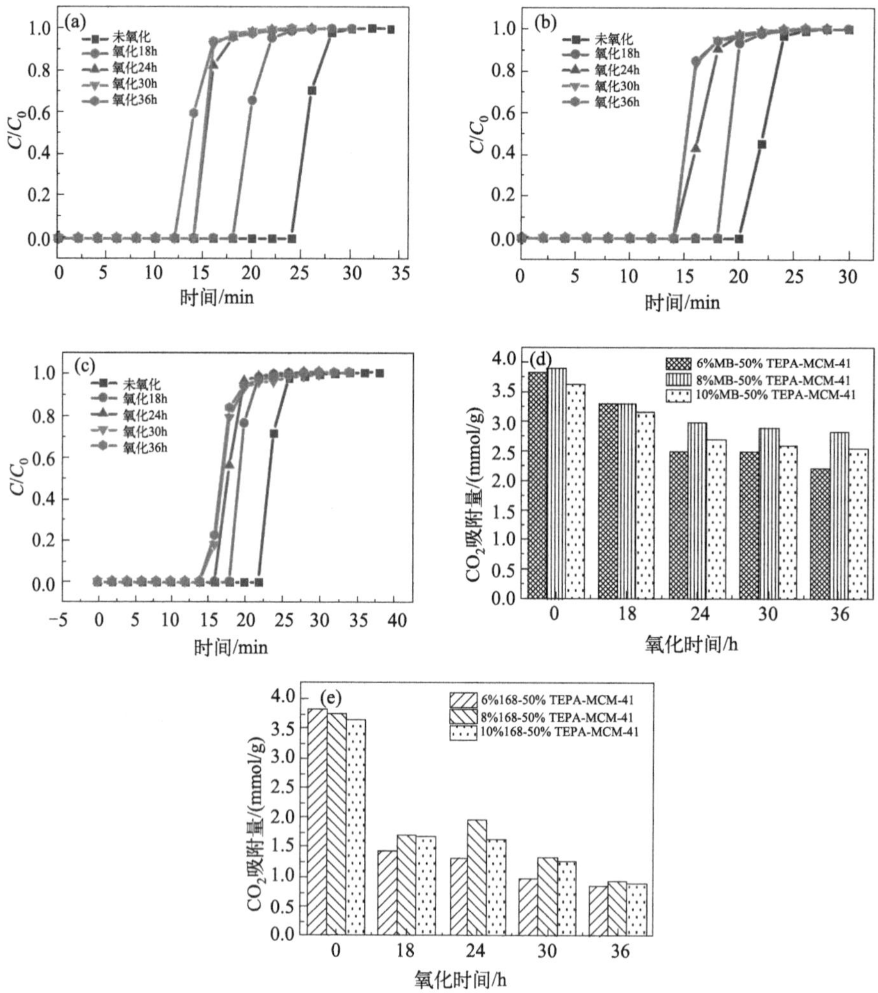

图 6-4 6%MB-50%TEPA-MCM-41(a)、8%MB-50%TEPA-MCM-41(b)、10%MB-50%TEPA-MCM-41(c)的穿透吸附曲线和 x%MB-50%TEPA-MCM-41(d)以及 x%168-50%TEPA-MCM-41 的吸附量(e)

6.1.3.2 氧化时间

氧化时间是氧化降解的主要因素，会促进氨基官能团转化为非可用 CO_2 吸附位点的产物。吸附剂于 100°C、5%O_2/95%N_2（体积分数）条件下氧化处理 18～42h，考察三种吸附剂 50%TEPA-MCM-41、8%MB-50%TEPA-MCM-41、8%168-50%TEPA-MCM-41 在 60℃、15%CO_2/85%N_2（体积分

数）条件下的吸附量，如图 6-5(a)所示。50%TEPA-MCM-41 初始吸附量较高为 4.3mmol/g，随着氧化时间的延长，吸附量逐渐降低。经氧化 18h 后，吸附量降低至 2.75mmol/g，保持初始吸附量的 65.5%，经氧化 42h 后，吸附量降低至 1.38mmol/g，仅保持初始吸附量的 32.1%。8%MB-50%TEPA-MCM-41 的初始吸附量为 3.9mmol/g，略低于 50%TEPA-MCM-41，是由于 MB 覆盖了少量的氨基活性位点。然而随着氧化时间的延长，吸附量缓慢降低。当氧化时间为 42h 时，CO_2 吸附量为 2.86mmol/g，仍可保持初始吸附量的 73.3%。而 8%168-50%TEPA-MCM-41 的初始吸附量为 3.76mmol/g，在氧化 18h 及 24h 后的吸附量均低于 50%TEPA-MCM-41，在氧化 36h 后的吸附量与 50%TEPA-MCM-41 相当。综上，抗氧化剂 168 的抗氧化效果不稳定，甚至会加速吸附剂的氧化降解，而抗氧化剂 MB 可以有效防止 TEPA 氧化。

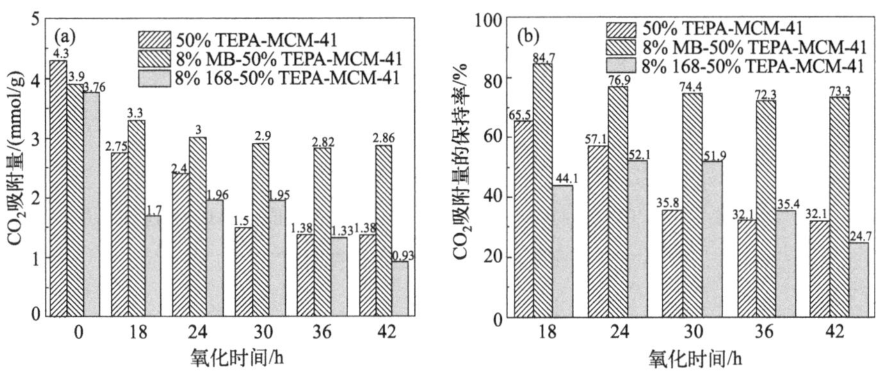

图 6-5　吸附剂在不同时间氧化前后的 CO_2 吸附量(a)和氧化后吸附量的保持率(b)

6.1.3.3　氧气浓度

在工业烟气中，氧气浓度最高能达到 10%（体积分数），所以为了研究抗氧化固体胺吸附剂在烟气中的可行性，对比了吸附剂在 5%O_2/95%N_2（体积分数）和 10%O_2/90%N_2（体积分数）、100℃ 条件下氧化后的吸附性能，见图 6-6。

随着氧气浓度的增加，吸附剂的吸附量也随之降低。50%TEPA-MCM-41 和 8%MB-50%TEPA-MCM-41 经氧化后 CO_2 吸附量的比较表明，两种吸附剂在含氧的环境中都经历了明显的失活。如图 6-6 所示，经 10%O_2（体积分数）氧化 18h 后，50%TEPA-MCM-41 保留原始吸附量的 44.2%，而 8%MB-

50%TEPA-MCM-41 可保留原始吸附量的 82.3%。失活程度随着氧化时间延长而加剧，在 100°C、10% O_2（体积分数）的条件下氧化降解 24h、30h、36h、42h 后，50% TEPA-MCM-41 吸附量保留率分别为 42.8%、36.0%、28.6%、30%。8% MB-50% TEPA-MCM-41 吸附量保留率分别为 75.1%、68.5%、67.7%、66.7%，均在 65%以上。同时，在 100°C、5% O_2（体积分数）氧化 42h 后，8% MB-50% TEPA-MCM-41 的吸附量为 2.86mmol/g，仍可保持初始吸附量的 73.3%。这表明抗氧化剂 MB 具有较优异的抗氧化效果，能够抑制固体胺吸附剂的氧化。

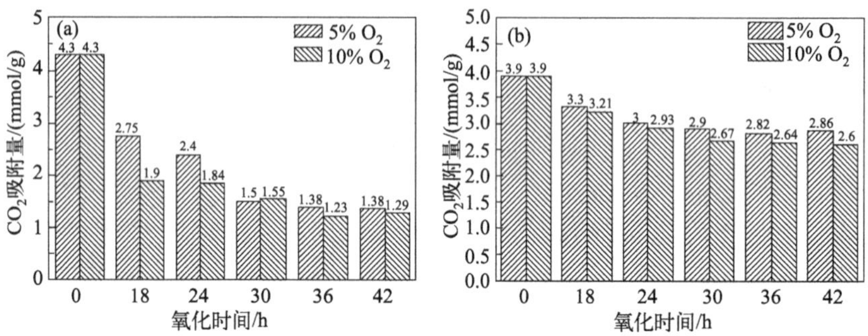

图 6-6　50%TEPA-MCM-41(a)、8%MB-50%TEPA-MCM-41(b)
在不同浓度 O_2 氧化后的吸附量

6.1.4　循环稳定性

吸附剂在模拟烟气 85% N_2/15% CO_2（体积分数）条件下的循环稳定性如图 6-7 所示。吸附剂 50% TEPA-MCM-41 经过 20 次循环后，吸附性能从 4.3mmol/g 降低到 3.48mmol/g，其吸附量降低了 19.1%。吸附剂 8% MB-50%TEPA-MCM-41 的初始吸附量为 3.9mmol/g，低于 50%TEPA-MCM-41，但经过 20 次循环后，吸附性能降低到 3.77mmol/g，仅降低了 3.1%。这表明抗氧化剂 MB 改性吸附剂具有良好的循环稳定性。

由于在工业应用中氧化降解会被放大，分别研究了 8% MB-50% TEPA-MCM-41、50%TEPA-MCM-41 在 60°C、5% O_2/15% CO_2/80% N_2（体积分数）条件下连续 30 次吸附-再生循环性能。如图 6-8 所示，8% MB-50% TEPA-MCM-41 的初始吸附量为 3.9mmol/g，在 30 次循环后，相应的吸附量下降到 3.13mmol/g，下降了 16.8%。而 50% TEPA-MCM-41 的吸附量从

6.2.2 抗氧化降解机理

抗氧化剂 MB 属于含硫类抗氧化剂，改性固体胺吸附剂在含氧气氛下氧化后具有优异的吸附性能，且在含氧烟气下表现出优异的循环吸附性能，表明抗氧化剂 MB 能够抑制氨基氧化。

图 6-10 是 8%MB-50%TEPA-MCM-41 在纯 O_2 气氛下的原位红外光谱图（1200～2000cm^{-1}）。与 50%TEPA-MCM-41 在 O_2 下的原位红外谱图具有相同的峰归属。随氧化时间的延长，在 1679cm^{-1} 处的 C═O/C═N 变形振动峰峰强度增强，但相比 50%TEPA-MCM-41 氧化过程的变化趋势减弱。1608cm^{-1} 处 N—H 的弯曲振动峰变化不明显。这表明抗氧化剂 MB 延缓了胺的氧化降解。

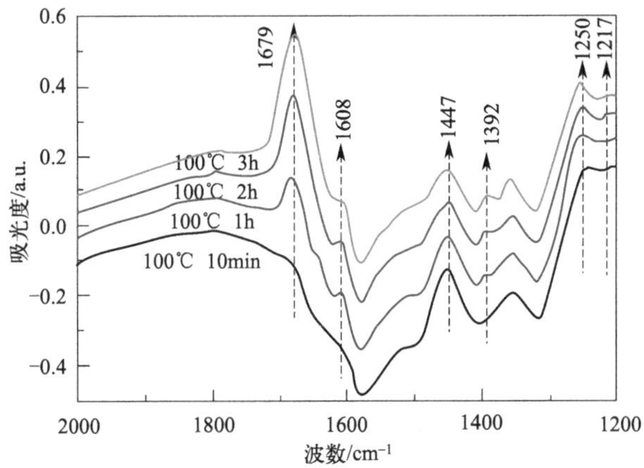

图 6-10 8%MB-50%TEPA-MCM-41 在纯氧气氛下的傅里叶原位红外光谱图

胺的氧化降解可通过自由基链式反应解释，MB 分子中的巯基（S—H）键相对较弱，作为自由基捕获剂将高活性、具有破坏性的自由基转化为相对稳定的分子，从而终止自由基的链反应。巯基自身则生成相对稳定的硫自由基，进而转化为二硫醚，最终被氧化为亚磺酸和磺酸。巯基转化过程如下所示：

$$RSH \longrightarrow RSSH \longrightarrow RSO_2H \longrightarrow RSO_3H \qquad (R6\text{-}2)$$

在纯氧中直接氧化，硫醇会被直接氧化成亚磺酸和磺酸：

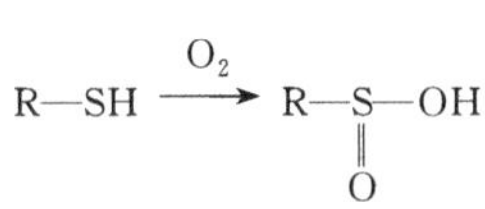

(R6-3)

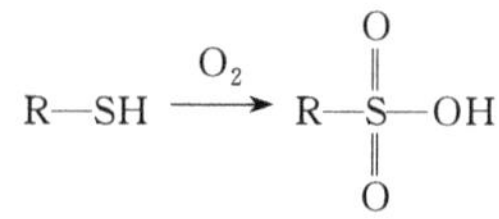
(R6-4)

因此抗氧化剂MB分子通过清除氨基氧化生成的自由基和自身逐步氧化来抑制胺的氧化降解。

6.3 小结

固体胺吸附剂能够高效捕集CO_2。烟气中含有3%～10%（体积分数）的O_2，导致吸附剂发生氧化降解。在固体胺吸附剂中浸渍抗氧化剂MB和抗氧化剂168，以提高吸附剂在含氧烟气下的抗氧化能力和吸附循环性能。在含氧模拟烟气下的循环吸附实验以及吸附剂在不同浓度氧气氧化后的吸附实验表明，抗氧化剂MB改性的固体胺吸附剂具有良好的热稳定性和循环再生性。含硫抗氧化剂MB清除氨基氧化生成的自由基，自身最终被氧化成磺酸化合物，从而降低了吸附剂的氧化速率。

参考文献

[1] Srikanth C S, Chuang S S C. Spectroscopic investigation into oxidative degradation of silica-supported amine sorbents for CO_2 capture [J]. ChemSusChem, 2012, 5 (8): 1435-1442.

[2] Pang S H, Lively R P, Jones C W. Oxidatively-stable linear poly (propylenimine) -containing adsorbents for CO_2 capture from ultradilute streams [J]. ChemSusChem, 2018, 11 (15): 2628-2637.

[3] Silva M E, Chakravartula S S, Chuang S S C. Silica-supported amine catalysts for carbon-carbon addition reactions [J]. Topics in Catalysis, 2012, 55 (7-10): 580-586.

[4] Srikanth C S, Chuang S S C. Infrared study of strongly and weakly adsorbed CO_2 on fresh and oxidatively degraded amine sorbents [J]. Journal of Physical Chemistry C, 2013, 117 (18): 9196-9205.

第 7 章

二氧化碳捕集及资源化利用研究展望

CO_2 虽然是温室气体的主要成分，但从绿色化学和可持续发展的角度考虑，CO_2 亦是丰富无毒的可再生资源，将 CO_2 捕集、储存以及高值化利用是绿色化学研究领域的重大课题。在全球碳中和的宏伟目标下，CO_2 高效捕集与资源化利用已成为科技攻坚的核心议题。吸附分离与转化技术作为关键路径，其材料与工艺的革新正以前所未有的速度推进。

7.1 二氧化碳分离技术

二氧化碳捕集分离技术是整个 CCUS 技术的起点。燃烧后烟气 CO_2 化学吸收法因其工艺流程简单、反应速率快和 CO_2 吸收量大等优势，是目前最成熟的分离方法，已有相关碳捕集项目成功运行，但仍存在高成本、高能耗的缺点，阻碍化学吸收法进一步大规模碳捕集应用。未来的研究方向主要集中在开发新型吸收剂、优化工艺流程以降低能耗和提高效率上，从而进一步提高其市场竞争力和应用潜力。混合胺吸收剂利用各种胺的优势互补，提高 CO_2 吸收性能。以 2-氨基-2-甲基-1-丙醇（AMP）、*N*-甲基二乙醇胺（MDEA）等三级胺和空间位阻胺为主胺，削弱胺与 CO_2 的相互作用力，从而降低再生能耗；以 MEA、哌嗪（PZ）等一、二级胺为添加剂，保证较快的吸收速率。两相吸收剂吸收 CO_2 后体系会发生相变分离，CO_2 富集于其中一相，因此仅需 CO_2 富集相进入解吸塔解吸即可，解吸再生后与 CO_2 贫液相混合重新进入吸收塔，再生能耗明显降低。离子液体化学性质稳定、阴阳离子易调控，比热容仅为 MEA 的一半，利用离子液体作为吸收剂可有效降低 CO_2 解吸能耗。氨基功能化离子液体兼具离子液体和有机胺的优势。此外，在富 CO_2 胺溶液中或解吸塔装置中添加解吸催化剂可加快解吸反应速率，从而减少解吸反应所需的热量。优化吸收工艺参数、强化吸收、系统热整合及热泵节能等工艺流程改进和吸收塔设备优化也是降低碳捕集能耗、减少运行费用的有效措施。

膜分离法作为一种新兴的气体分离技术具有很大的发展潜力。基于气体组分在膜材料中溶解-扩散速率的差异实现分离（如 CO_2、SO_2、NO_x 等优先透过）。无溶剂再生、发泡、腐蚀等复杂问题，不存在化学吸收剂消耗与二次污染风险，且理论能耗显著低于传统胺吸收法（尤其是低浓度 CO_2 捕集），驱动主要依赖烟气本身压力或小幅增压。随着膜材料科学的不断发展，研发出更高性能、更稳定、寿命更长的膜材料将有助于推动膜分离法在碳捕集领域的广泛应用。膜分离技术正处于从实验室研究、中试示范向初步商业化应用过渡的关键阶段。虽然在高性能长寿命膜材料开发、大规模应用的经济性、复杂烟气耐受性等方面仍面临显著挑战，但其固有的低能耗潜力和模块化优势使其在碳捕集及污染控制领域前景广阔。突破性材料的涌现、膜组件和系统工艺的持续优化、制造成本的下降、大型示范项目的推进以及强有力的政策支持，将共同推动烟气膜分离技术突破现有瓶颈，逐步在特定应用场景（如中高浓度 CO_2 源、分布式排放源、多污染物协同治理）中确立竞争优势。

相比之下，吸附法的优势在于不会对设备造成腐蚀，且吸附和再生过程易于操作，不需要复杂的操作条件和精细控制。吸附法在小规模应用中，如特定实验的 CO_2 捕集，可以通过小型模块化设备来实现，具有较低的投资成本和便捷的安装方式。尽管吸附法有诸多优势，但在应用过程中仍面临一些挑战：虽然吸附法本身的操作简便，但吸附剂再生过程中，尤其是变温吸附方法，需要消耗较多的能量来实现吸附剂的解吸；吸附剂在反复的吸附和再生过程中可能会逐渐失去活性，导致吸附效率下降，需要定期更换吸附剂，增加了运行成本和维护工作量。未来研究方向趋向于新型吸附剂的构筑。

目前新型吸附剂的开发正从单一性能优化转向多功能、智能化设计。

（1）氨基功能化固体吸附剂的深度优化

① 优化载体的微观结构及表面性质。设计高比表面积和孔体积载体，例如金属有机框架（MOFs）与共价有机框架（COFs）具有超高比表面积、可调孔径结构。通过引入氨基、金属离子可以提升 CO_2 选择性与吸附容量。新型COFs在保持多孔性的同时，稳定性显著提升。优先选择或改性载体（如表面硅烷化）以抵抗水蒸气竞争吸附，提高在湿烟气中的 CO_2 吸附性能。这是应对含湿烟气的关键策略。

② 优化胺种类及分布。从单一伯胺（如PEI）向空间位阻胺、仲胺、叔胺、混合胺发展，以平衡吸附量、选择性、吸附动力学和再生能耗。精确控制胺在载体表面和孔道内的分布密度，避免过度负载导致孔道堵塞和传质阻力增加。追求高密度且均匀分散的有效胺位点。

③ 壳层结构设计。在吸附剂颗粒外包裹一层选择性保护壳层（如疏水 SiO_2、特定沸石膜、碳层、金属氧化物薄层），可选择性允许 CO_2 透过，通过物理阻隔 SO_x/NO_x/O_2 保护内部氨基团免受氧化和硫酸盐化中毒，同时可增强颗粒机械强度。

（2）碳基吸附剂的改性升级

① 表面化学修饰。通过氮掺杂（引入吡啶氮、吡咯氮、季氮等碱性位点）、氨基团修饰、金属氧化物负载（如MgO、CaO）等增强对 CO_2 的化学吸附或特异性相互作用，提高其在低分压下的 CO_2 吸附量和选择性。

② 孔结构精确调控。制备具有窄微孔分布的碳分子筛，孔径接近 CO_2 动力学直径0.33nm，利用动力学分子筛分效应提升 CO_2 吸附选择性。借助理论计算模拟指导吸附剂合成，设计具有特定孔尺寸、形状、表面化学性质（开放金属位点、功能化位点）的框架，实现对 CO_2 的高选择性吸附。

（3）新型吸附机制与材料的探索：

① 双功能吸附剂。设计能同时吸附 CO_2 和烟气中其他污染物（如 SO_2、NO_x）的双功能吸附材料（如基于MgO、CaO的吸附剂），简化烟气净化流程。

② 智能响应材料。在吸附剂中引入光敏组分（如 TiO_2、卟啉衍生物）构筑光响应吸附剂，利用光能驱动 CO_2 脱附，大幅降低再生能耗。设计合成电化学驱动吸附剂，开发基于氧化还原活性物质（如醌类、导电聚合

物）的吸附剂，通过外加电压改变其与 CO_2 的结合状态，实现低能耗再生。

7.2 二氧化碳转化技术

CO_2 作为 C1 资源，其催化转化路径日益丰富，通过 CO_2 加氢催化合成低碳烯烃、高碳烃、甲醇、乙醇和二甲醚等，为利用可再生资源合成化学品、燃料开辟了新途径。目前电催化还原 CO_2 制甲酸、热催化加氢制甲醇技术已建有中试或示范装置。将 CO_2 高效、高选择性转化为乙烯、乙醇、丙醇等高附加值 C2＋产物是研究热点与难点，问题的关键在于设计催化剂有效促进 C—C 耦合。CO_2 与环氧化物共聚制备可生物降解的聚碳酸酯（PPC），或与二胺反应合成聚脲，是绿色高分子材料的重要方向，技术经济性正逐步提升。CO_2 经逆水煤气反应转化为 CO 后，再通过费托合成或生物催化路径转化为液体燃料（汽油、柴油、航空煤油）是长远目标，对交通领域脱碳意义重大。

CO_2 分子化学性质稳定，具有 O═C═O 线性结构（生成焓为－393.5kJ/mol）和强 C═O 双键（解离能约 750kJ/mol），因此 CO_2 分子活化是 CO_2 加氢反应的主要挑战。CO_2 加氢过程通常涉及多个步骤和竞争反应，每个步骤都有不同的动力学行为。制备高效催化剂促进 CO_2 活化、控制不同反应途径的动力学可实现 CO_2 高选择性转化。尽管通过金属掺杂、活性组分调控以及与载体耦合等设计方法，可使催化剂性能不断提升，CO_2 转化率或目标产物选择性也得到提高。但目前对于 CO_2 转化率与目标产物选择性同时提高仍未取得重大突破。

（1）高效、稳定、低成本催化剂的大规模制备是实现 CO_2 经济转化的核心

单原子催化剂（SACs）以原子级分散的活性位点、可定制的配位环境和接近 100％的原子利用率为特征，为高效、高选择性转化 CO_2 提供了新机遇。通过精准调控活性位点的电子结构和局部反应环境，具有最大化的原子利用率、高活性和独特的电子结构，在 CO_2 电还原/热还原中表现突出（如 Ni-N-C、Fe-N-C 用于 CO 生成，CuSACs 用于 C2＋产物）。

（2）精准调控配位环境是优化性能的关键

① 合金与双金属位点。通过双金属协同（如 Cu-Au、Cu-Ag、Cu-Zn）

调控中间体吸附能，优化 C—C 耦合效率，提升 C2＋产物选择性和法拉第效率。

② 稳定性与抗中毒能力。针对实际烟气杂质（SO_x、NO_x、O_2）对催化剂的毒化问题，开发耐受性强的催化剂（如特定氧化物包覆、核壳结构）是实用化必须跨越的障碍。

③ 非贵金属替代。大力研发基于 Cu、Ni、Fe、Co 等非贵金属或金属氧化物的高性能催化剂，降低成本并促进规模化应用。

7.3　二氧化碳吸附与转化耦合技术

突破传统“先捕集后转化”模式，将 CO_2 吸附与转化进行原位耦合展现出显著优势。该技术避免了传统 CCUS 技术中 CO_2 压缩、运输和再加热的高能耗问题，成为实现高效碳减排的关键路径。

（1）热催化集成

开发兼具强吸附位点和催化活性位点的双功能材料（如胺改性负载金属催化剂），使吸附的 CO_2 在材料孔道内或表面直接被催化转化为燃料（甲醇、CH_4）或化学品（环状碳酸酯、甲酰胺），避免了 CO_2 脱附-压缩-运输的高能耗步骤。

（2）光电催化协同

设计光敏/半导体组分与吸附/催化组分耦合的材料体系（如 TiO_2 基复合材料、MOF/半导体异质结），利用光能或电能驱动吸附态 CO_2 转化。该策略尤其适用于利用分布式可再生能源进行小规模、点源 CO_2 转化。探索将 CCU 与可再生能源（风光电）制氢、储能系统深度耦合，提升整体能源效率和经济性。

（3）膜吸附反应器

将吸附功能膜与催化反应器结合，实现 CO_2 从混合气中的选择性分离富集与即时转化在同一装置内完成，从而提升过程效率。

CO_2 吸附与转化材料的发展正经历从基础研究到应用落地的关键跃迁。吸附剂构筑趋向于精准化、智能化与多功能化；吸附与转化的边界日益模糊，一体化联产技术展现出巨大潜力；催化剂设计则追求高效、稳定、低成本和环境友好。随着多学科交叉融合的深入、人工智能等新工具的赋能以及政策与市场的逐步成熟，高效、经济、可持续的 CO_2 捕集与利用技术将在实现碳中和目标、构建循环经济中扮演越来越重要的角色。产学研用协同创新，加速材料研发到工程示范的转化，是实现这一宏伟蓝图的必由之路。